KB172225

나무 말고 숲을 보게 하는 과학 상식

과학, 재미가 먼저다

장인수 지음

나무 말고 숲을 보게 하는 과학 상식

과학, 재미가 먼저다

장인수 지음

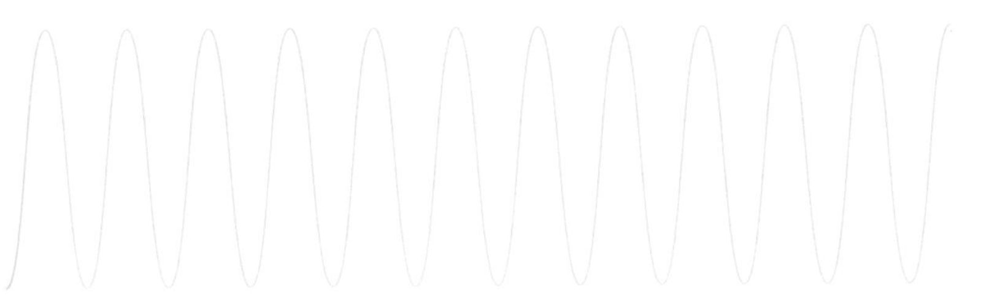

포르*체

차례

1장

신비로운 빛과 색깔

우리 눈을 속이는 빛의 굴절

진동이 만드는 아름다운 음악

음악과 소음을 결정하는 한 끗

질병과 약의 역사

빛과 색이 만드는 아름다움

맑은 날 하늘은 파란색이다. 그리고 하늘에 떠 있는 구름은 흰색인 경우가 대부분이다. 날씨가 좋지 않거나 해가 기울었을 때가 아니라면 우리는 모두 같은 색의 하늘과 구름을 본다. 하늘의 색을 누가 정해둔 것도 아닌데 왜 그럴까? 더 나아가서, 우리는 하늘이 파랗고, 구름이 하얗다는 것을 어떻게 알 수 있을까?

우리가 물체를 볼 수 있는 것은 모두 빛 덕분이다. 천장에 매달린 형광등이 내뿜는 하얀 빛은 사실 무수히 많은 색을 가지고 있다. 하늘이 파랗다고 느낄 수 있는 이유도 빛이 여러 색을 가지고 있기 때문이다. 이번 시간에는 신비로운 빛과 색깔의 세계를 탐방해 보도록 하자.

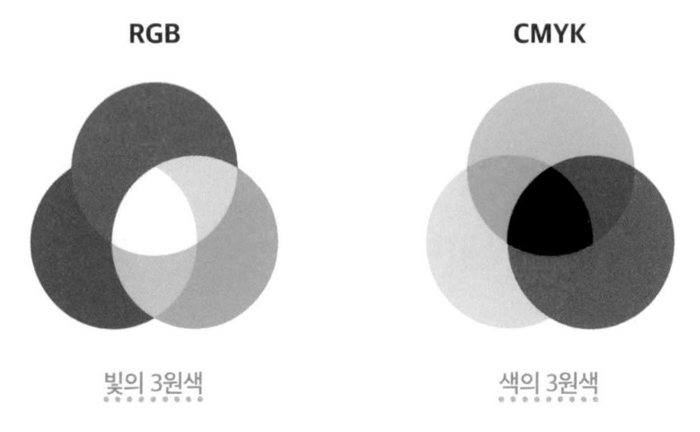

빛의 3원색 / 색의 3원색

모든 색을 만들 수 있는 기본이 되는 세 가지 색을 '3원색'이라고 한다. 3원색에는 빛의 3원색과 색의 3원색이 있다. 위 그림처럼 빛의 3원색은 빨강 , 초록 , 파랑 이고, 색의 3원색은 청록 , 자홍 , 노랑 이다.

세 가지 색을 모두 섞은 가운데 부분을 보면 두 3원색의 가장 큰 차이점을 발견할 수 있다. 빛의 3원색은 모두 섞으면 흰색이 되지만 색의 3원색을 모두 섞으면 검은색이 된다. 이 내용은 뒤에서 다시 언급할 것이므로 잘 기억해 두자.

3원색을 이렇게 저렇게 배합하면 다양한 색을 만들 수 있다. 색을 통해서 새로운 창의적 결과물을 만드는 사람들이 있는데, 바로 화가들이다. 화가는 자신만의 미술 세계를 물감을 이용해 캔버스에 그려내는 사람들이다.

20세기 초 '야수파'라는 뜻을 가진 포비슴 　　　이라는 회화 운동이 시작되었다. 프랑스 화가 앙리 마티스는 포비슴의 창시자이다. 야수로 비유된 마티스의 그림이 사람들에게 얼마나 거칠고, 난폭하고, 강렬한 인상을 줬는지 짐작할 수 있을 것이다.

앙리 마티스, <모자를 쓴 여인>, (1905), 캔버스에 유채, 80.65x59.69cm

오른쪽 그림은 마티스의 〈모자를 쓴 여인 　　　　　　　　〉이라는 작품이다. 이 그림은 여인의 얼굴색을 독특하고 강렬한 색채로 표현했다는 특징이 있다. 이렇게 마티스는 다양한 색으로 자신의 느낌을 마음껏 표현하는 그림을 그렸다.

이번엔 마티스가 모로코를 여행하며 그린 〈모로코 사람들 　　　〉을 보자. 이 그림은 아주 적은 색을 사용하여 사물을 격렬하게 표현했다는 평가를 받고 있다. 그림 왼쪽에는 이슬람 사원과 기도하는 모로코 사람들이 있고 오른쪽에는 제사장이 보인다. 미술학자들은 검은색 배경이 오히려 밝고 투명하게 느껴진다고 평가한다. 어둠의 색인 검정을 '빛

앙리 마티스, <모로코 사람들> (1912~1913), 캔버스에 유채,181.3 x 279.4 cm

평론가들은
마티스의 작품이
색채의 혁명이라고
칭송했대.

검은색은 그냥
검은색으로 보이는데,
나만 그런가?

의 색'으로 탈바꿈하게 한 마티스는 색채의 마술사로 칭송받기에 부족함이 없다.

2 파동과 파장

태양빛에는 자외선, 적외선과 같이 우리가 볼 수 없는 광선이 있는가 하면 우리 눈이 볼 수 있는 가시광선도 있다. 우리가 흔히 말하는 '빨주노초파남보' 무지갯빛이 여기에 해당한다.

넘실대는 파도처럼 에너지가 주기적으로 진동하면서 멀리까지 퍼져나가는 것을 파동Wave이라고 한다. 태양빛도 파동이고, 태양빛에 속해 있는 가시광선도 파동이다. 하지만 햇빛을 볼 때 파도처럼 출렁인다고 느끼지 못한다. 왜냐하면 태양에서 오는 빛의 파장Wavelength은 매우 짧아서 우리 눈으로는 확인이 어렵기 때문이다.

파장은 파동의 길이다.

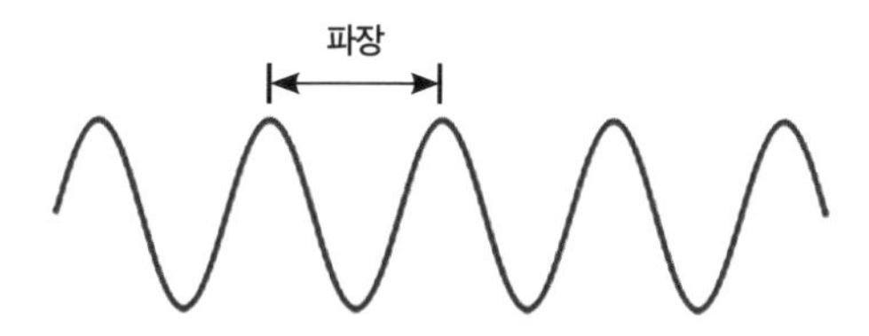

파장은 파동의 길이를 뜻한다. 파동에서 같은 형태가 반복될 때까지의 거리가 파동의 길이다. 파동의 가장 높은 부분에서 다음번 가장 높은 부분까지의 거리를 재면 파동의 길이를 알 수 있다. 가시광선의 파장을 표시하는 단위는 '나노미터'이며, nm이라

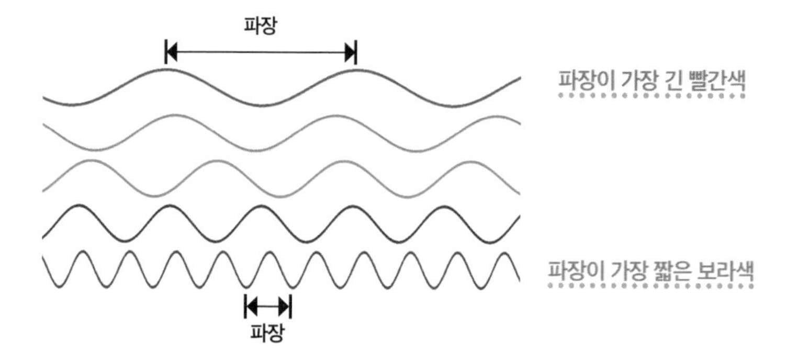

고 쓴다. 나노미터는 머리카락 굵기의 약 10만 분의 1에 해당한다.

가시광선의 파장은 380nm에서 780nm의 범위를 갖는데 색깔에 따라 파장이 다르다. 빨간색이 가장 길며, 보라색이 가장 짧다. 이처럼 색깔별로 파장이 다르다 보니 '산란'이라는 특이한 자연 현상이 나타난다.

태양에서 출발한 빛은 1억 5천만 km를 8분 20초 동안 날아서 지구에 도착한다. 우주를 날아오는 동안에는 아무것도 없는 진공 상태여서 장애물 없이 곧바로 빛이 진행하지만, 지구에 도착한 빛은 지구 대기나 먼지와 같은 작은 입자들과 부딪히게 된다. 지구를 둘러싸고 있는 공기는 대부분 질소와 산소로 이루어져 있다. 질소와 산소의 크기는 0.1~1nm인데 빛이 여기에 부딪히면 일직선으로 나아가지 못하고 여러 방향으로 흩어지게 된다. 이 현상을 산란이라고 한다. 산란은 어지럽게 흩어진다 는 의미를 가지고 있으며, 영어로는 'Scattering'이라고 한다.

대기를 이루고 있는 질소나 산소 입자에 태양 빛이 부딪히면 입자 속에 있는 전자가 진동한다. 이때, 모든 방향으로 빛이 다시 방출되는데 이것이 빛이 산란되는 원리이다. 산란을 일으키는 정도는 비춰진 빛의 파장의 4제곱에 반비례한다. 보라색의 파장은 380nm로, 780nm인 빨간색의 절반 밖에 되지 않지만, 산란되는 정도는 보라색이 무려 16배나 크다.

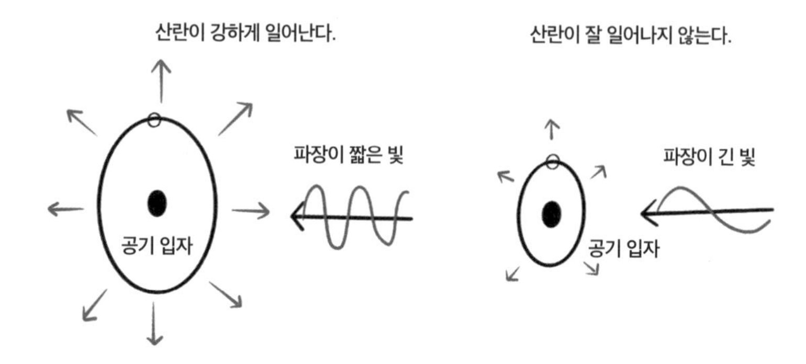

이처럼 작은 입자 사이를 지날 때, 파장이 짧은 빛이 더 산란을 잘한다는 사실을 알아낸 사람은 영국의 물리학자 존 레일리다. 그래서 이러한 현상을 레일리 산란Rayleigh Scattering이라고 한다.

하늘은 왜 파랄까?

하늘이 파란 이유는 파장이 짧은 보라색과 파란색 빛이 다른 색보다 강하게 산란했기 때문이다. 산란이 일어나면 마치 불꽃놀이를 보는 것처럼 하늘이 온통 그 색깔로 채워진다고 생각해도 좋

다. 파장이 짧을수록 산란이 잘 되기 때문에 가시광선 중에서는 보라색이 가장 강하게 산란된다. 그렇다면 하늘이 보라색으로 보여야 하지 않을까? 하늘이 파란색으로 보이는 또 하나의 이유는 우리 눈에 있다. 우리 눈은 보라색보다 파란색을 잘 인식한다. 왜 눈이 보라색보다 파란색을 잘 인식하는지는 뒤에서 다시 설명하도록 하겠다.

이번에는 구름이 하얗게 보이는 이유에 대해 알아보도록 하자. 구름은 물방울들의 집합체로 수없이 많은 물방울이 모여 이루어진 것이다. 그런데 구름을 이루는 물방울들은 크기가 제법 큰 편으로 공기 입자의 수만 배나 된다. 공기 입자가 아주 작은 점이라면 구름의 입자는 그것보다 훨씬 커다란 동그라미라고 할 수 있다. 아래 그림을 보자. 이렇게 큰 구름 입자는 파장이 짧은 빛이든 파장이 긴 빛이든 상관없이 모두 산란시켜 버린다. 아래의 그림처럼 파장이 짧은 파란색도, 파장이 긴 빨간색도 구름 입자와 부딪혀 튕겨 나간다.

공기입자와 구름입자

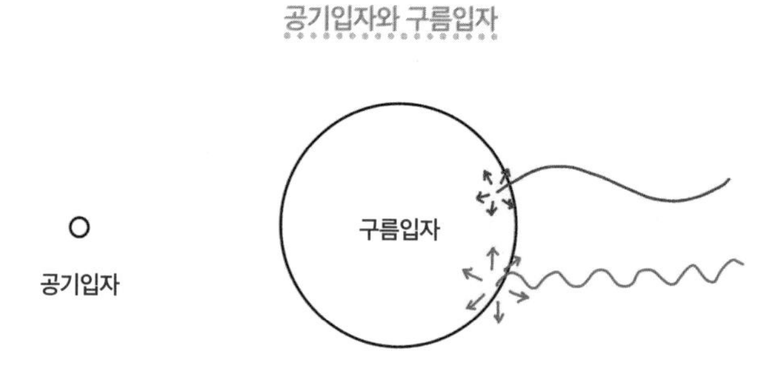

구름에서는 모든 색의 빛이 골고루 산란된다. 앞에서 본 것처럼 모든 빛이 다 섞이면 흰색이 되기 때문에 구름은 흰색으로 보인다. 이렇게 큰 입자 사이를 지날 때 일어나는 산란은 독일 물리학자 구스타프 미에 의해 밝혀져 미 산란Mie Scattering이라고 한다.

우리는 어떻게 색을 구분할까?

그렇다면 근본적인 물음으로 돌아가서 우리는 어떻게 물체의 형태와 색깔을 구분할 수 있는 것일까? 그것은 눈의 망막Retina이라는 신경 조직 덕분이다. 망막은 눈에서 카메라의 필름 역할을 하는 곳으로 물체의 상이 맺히는 곳이다. 망막에 있는 시신경 세포들은 눈으로 들어온 빛을 뇌가 인식할 수 있도록 전기 자극으로 바꿔 전달해 준다.

시신경 세포는 모양에 따라 막대세포Rod cell와 원뿔세포Cone cell로 나뉜다. 막대세포는 사물의 명암이나 형태를 구분할 수 있게 하고 원뿔세포는 색을 구분할 수 있게 한다.

막대세포는 망막 전체에 고르게 분포되어 있으며, 수도 많고 빛에도 민감하게 반응한다. 원뿔세포는 초점이 맺히는 곳에 주로

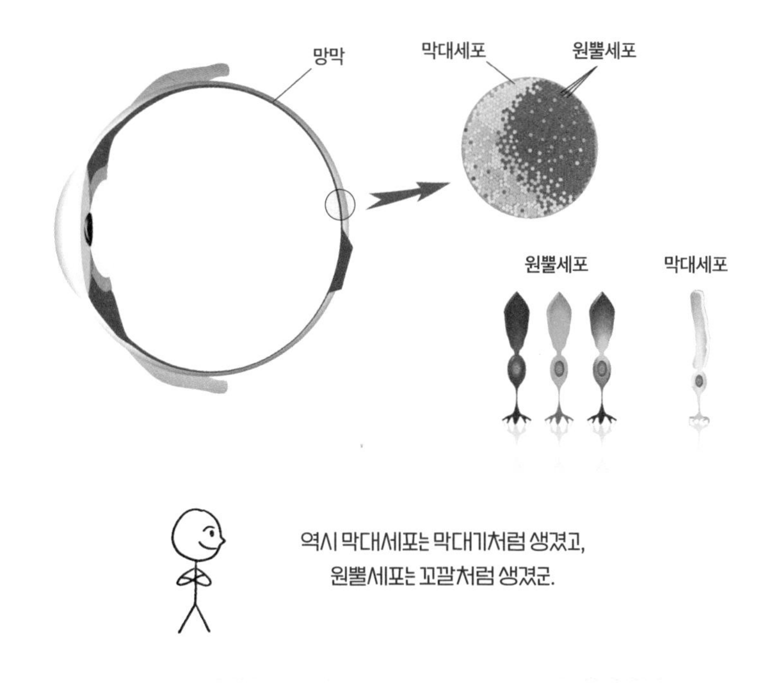

막대세포와 원뿔세포

분포되어 있어 막대세포에 비해 수가 매우 적다. 그래서 깜깜한 밤에 방안의 전등을 끄면 사물의 형태 정도는 구분할 수 있지만 색깔은 구별할 수 없다.

막대세포에는 로돕신Rhodopsin이라는 단백질이 있다. 로돕신은 빛을 받으면 옵신Opsin과 레티넨Retinene으로 분해되면서 막대세포를 흥분시킨다. 이때 방출된 에너지가 시신경을 통해 대뇌로 전달되어 우리가 물체를 볼 수 있게 된다.

레티넨은 포유류 대부분이 가지고 있는 시각 색소다. 비타민

A로 만들어진 레티넨은 어두운 곳에서는 옵신과 결합하여 로돕신이 되고, 빛이 있는 동안에는 망막에서 빠져나가게 된다. 우리 몸에 비타민 A가 부족하면 새로운 레티넨 생성에 이상이 생겨 밤에 잘 볼 수 없는 야맹증에 걸린다. 비타민 A는 소의 간, 고구마, 당근, 브로콜리, 피망, 망고, 멜론 등에 많이 들어있으므로 눈 건강을 생각한다면 이런 음식을 많이 먹자.

원뿔세포는 빨강, 초록, 파랑의 가시광선 파장에 각각 반응하는 적원뿔세포, 녹원뿔세포, 청원뿔세포로 나뉜다. 세 개의 원뿔세포 중 하나라도 제 기능을 상실하면 그것을 색맹Color Blindness이라고 한다. 색맹은 색을 구별하지 못하는 증상이다. 어떤 원뿔세포가 기능을 상실했는지에 따라 적록색맹, 청황색맹, 전색맹 등 다양한 증상이 나타난다.

여기서 왜 우리가 보라색보다 파란색을 잘 인식하는지 알 수 있다. 시신경 세포에 파란색을 담당하는 청원뿔세포는 있지만 보라색을 담당하는 세포는 없기 때문이다. 보라색은 청원뿔세포와 적원뿔세포가 함께 반응해야 보이는 색이기 때문에 파란색보다 쉽게 인식되지 않는다. 그래서 하늘에 보라색 파장이 파란색 파장보다 더 많이 산란되었어도 하늘이 파란색으로 보이는 것이다.

우리가 아름다운 경치나 멋진 그림을 감상할 때 우리 몸 안에서는 이렇게 여러 가지 복잡한 메커니즘이 작동하고 있다니 이 얼마나 대단한 일인가!

5 동경의 대상, 무지개

한밤중에 갑자기 정전이 되기라도 하면 아무것도 보이지 않아 허둥지둥 당황하기 십상이다. 이럴 때면 빛의 고마움을 다시 한 번 느끼게 된다. 또한 서로 다른 소리를 내는 악기들로 구성된 오케스트라의 연주는 마음속까지 감동을 준다.
우리는 빛과 소리로 사물을 보고, 구별할 수 있다. 이외에도 빛과 소리가 일으키는 다양한 과학 현상은 우리에게 재미있는 경험을 선사한다. 대표적인 것이 반사와 굴절이다. 이번 시간에는 빛과 소리가 반사되고 굴절하면서 생기는 여러 가지 현상에 대해 알아보려고 한다. 신기한 반사와 굴절의 세계로 떠나보자.

'홍예 '는 무지개를 한자로 쓴 단어인데, 문이나 다리를 둥글게

숭례문(왼쪽), 인천 홍예문(오른쪽)

만든 모양을 의미하기도 한다. 우리 주변에서도 홍예를 이용한 건축물을 쉽게 찾아볼 수 있다. 우리나라 국보 1호인 숭례문의 중앙에 홍예문이 있고, 우리나라 최초의 공원인 인천 자유공원으로 올라가는 길에도 홍예문이 있다. 이 홍예문은 신포동과 동인천동을 연결하기 위해 단단한 화강암을 뚫어 만든 것으로도 유명하다.

백운교(왼쪽), 만안교(오른쪽)

국보 23호인 불국사 백운교는 통일신라시대에 지어진 홍예다리이며 조선의 22대 왕인 정조가 아버지 사도세자의 묘소를 참배하러 다니기 위해 지은 만안교에도 홍예다리 기법이 고스란히 남아 있다.

그 밖에도 무지개는 문학, 음악, 미술, 건축 등 여러 분야에서 영감의 원천이 된다. 이를 보면 우리는 무지개가 가진 신비감을 언제나 동경해온 것이 틀림없다. 무지개가 굴절이라는 물리 현상을 통해 생긴다는 사실을 알고 본다면 더욱 자연의 경이로움에 감탄하게 될 것이다.

반사와 굴절이 무엇일까?

빛이 공기에서 물로 진행할 때 일부는 물의 표면에서 반사되고 나머지는 굴절된다. 반사는 빛이 물을 뚫고 들어가지 못하고 물의 표면에서 튕겨 나오는 현상이다. 거울을 생각하면 반사를 이해하기 쉽다. 거울면으로 입사한 빛은 거울 표면에서 '띵~'하고 반사되어 나온다. 공기를 타고 표면에 부딪힌 빛은 그대로 공기로 반사

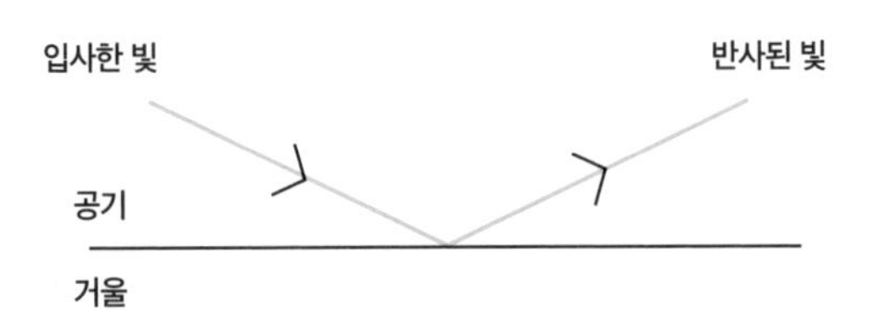

거울 표면에서 반사되는 빛

된다. 이처럼 반사는 반사되기 전과 후의 매질◉이 같다.

대표적인 반사 현상으로 메아리가 있다. 높은 산 정상에서 “야호!”하고 낸 소리가 반대편 산에 부딪혀 다시 내게 돌아오는 것이 메아리다. 이때 소리가 공기를 따라 진행하다가 산에 부딪혀 다시 공기를 통해 돌아오기 때문에 메아리는 반사의 일종이라는 것을 알 수 있다.

산에는 여러 동물들이 살고 있으므로 크게 소리를 지르면 동물들에게 스트레스가 될 수 있다. 그러니 메아리 반사를 경험해 본다고 산에 올라 소리를 지르는 일은 없도록 하자.

다음은 반사보다 조금 더 까다로운 굴절에 대해 알아보자. 굴절이 무엇이냐고 물어보면 10명 중에 10명은 ‘꺾이는 것’이라고 대답한다. 그러나 왜 꺾이냐고 다시 물어보면 대답을 하지 못한다.

◉ 매질(媒質, medium)은 파동을 전파시키는 물질을 말한다.

그만큼 굴절의 원리가 어렵기 때문이다.

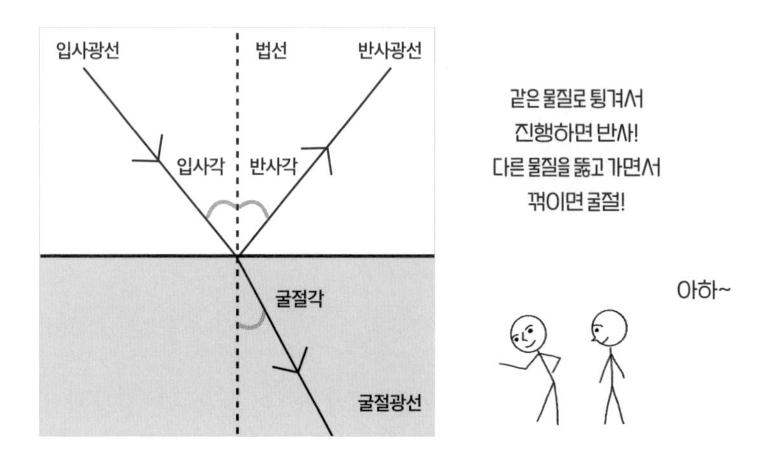

입사각과 반사각, 굴절각

빛은 공기와 물속을 진행할 때의 속력이 다르다. 공기에서는 빠르고, 물속에서는 좀 더 느리게 간다. 물 분자는 공기 분자보다 간격이 촘촘해서 빛의 진행을 방해하기 때문이다. 우리가 길을 갈 때 사람이 많은 곳에서 속도가 느려지는 것과 같은 원리다. 이처럼 공기를 따라 진행하던 빛이 물로 들어갈 때 속력이 달라지면서 빛이 꺾이게 된다. 이러한 현상을 굴절이라고 한다. 위의 그림을 보면 반사와 굴절이 동시에 일어나는 것을 알 수 있다.

두 물질의 경계면에 수직으로 그은 선을 '법선Normal'이라고 하고, 빛의 진행 경로와 법선이 이루는 각을 각각 입사각과 굴절각이라고 한다.

굴절의 중요한 점은 빛이 진행하는 물질마다 속력이 달라지기 때문에 생기는 현상이라는 것이다. 빛이 공기에서 물로 진행할 때에는 속력이 빠른 공기 쪽의 각도(입사각)가 속력이 느린 물 쪽의 각도(굴절각)보다 크다. 그래서 법선과 이루는 각의 크기를 비교하면 어느 쪽에서 빛이 더 빠르게 움직이는지 쉽게 구분할 수 있다.

무지개가 생기는 원리

무지개는 아무 때나 생기지 않는다. 무지개가 생기려면 비가 그친 다음 공기 중에 남은 작은 물방울들과 태양이 나를 기준으로 서로 반대쪽에 있어야 한다. 이를 알고 있으면 손쉽게 무지개를 만들 수도 있다. 해를 등지고 분무기로 앞쪽에 물을 뿌려주면 예쁜

관찰자를 중심으로 태양과 공기 중의 물방울이 반대편에 있으면 무지개가 생긴다.

무지개가 생긴다.

프리즘에 흰색 빛을 통과시키면 무지갯빛 띠가 나온다. 각 색깔마다 굴절되는 정도가 다르기 때문에 프리즘을 통과하며 다양한 색이 분리된다. 색마다 굴절되는 정도가 다른 이유는 프리즘 안을 통과하는 속도가 모두 다르기 때문이다. 가장 많이 굴절된 보라색은 프리즘 안에서 가장 느리고 가장 작게 굴절된 빨간색은 프리즘 안에서 가장 빠르다는 것을 의미한다.

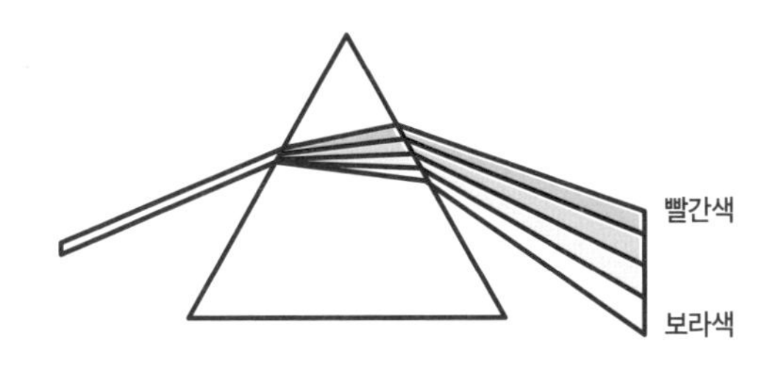

프리즘

비가 그치면 햇빛이 공기 중에 남아 있는 물방울에 굴절된다. 프리즘과 똑같이 물에서도 보라색이 가장 크게, 빨간색이 가장 작게 굴절된다. 물방울로 들어가며 굴절된 빛은 물방울에서 빠져나오며 한 번 더 굴절되며 색이 나뉜다.

물방울로 입사한 빛과 나온 빛이 이루는 각은 보라색은 40°, 빨간색은 46°로 차이가 난다. 이처럼 색깔에 따라서 굴절되는 정도가 다르다보니 위쪽 물방울에서는 빨간색이, 아래쪽 물방울에서는 보라색이 우리 눈으로 들어오게 된다. 그래서 무지개의 위쪽은 빨간색, 아래쪽은 보라색인 것이다.

색깔에 따라 굴절하는 정도가 다르기 때문에 무지개가 생긴다.

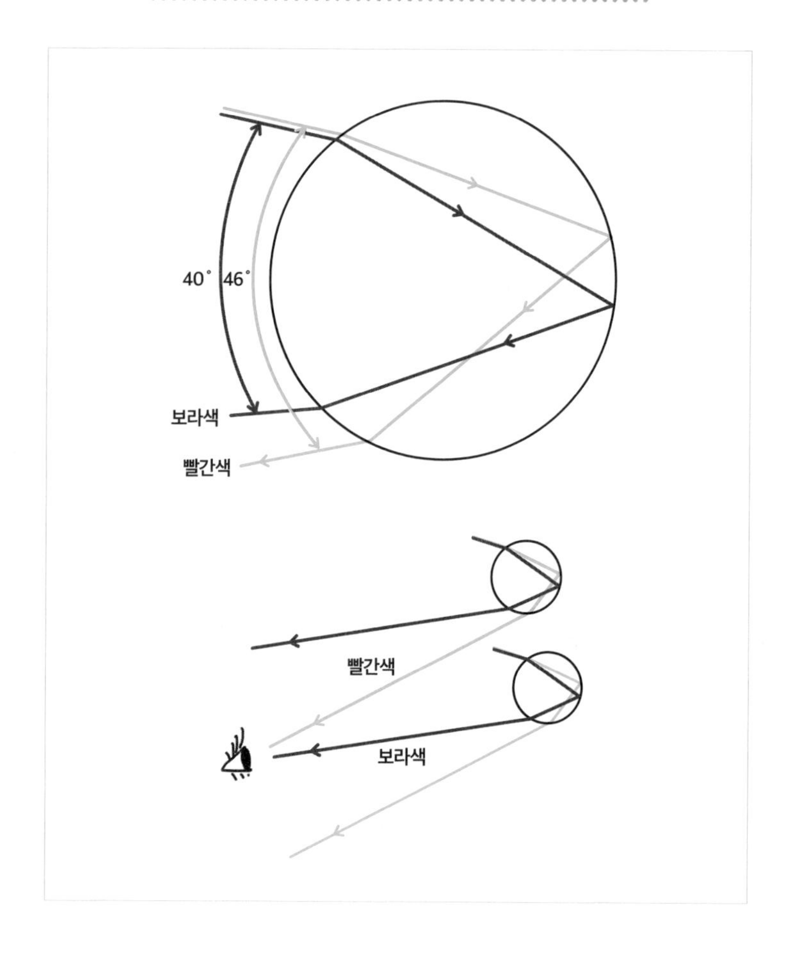

떠 보이기 현상

굴절로 인해 생기는 신기한 일들이 많은데 그중 하나가 '떠 보이기 현상'이다. 물속에 있는 물고기 한 마리가 보인다고 하자. 본다는 것은 물체에서 반사된 빛이 눈으로 들어왔다는 뜻이다. 물고기에 반사된 빛은 물에서 공기로 나오면서 굴절되어 눈으로 들어온다. 이때, 우리 뇌는 이 빛이 굴절된 빛이라 생각하지 못하고 직진해서 내 눈으로 들어왔다고 판단한다. 그래서 실제 물고기의 위치보다 위쪽에 물고기가 있다고 착각하게 된다. 이를 물체의 떠 보이기 현상이라고 한다.

물이 담긴 컵에 젓가락을 넣어 보면 떠 보이기 현상을 확인할 수 있다. 분명 곧게 뻗어 있던 젓가락인데 물에 들어가는 순간 꺾인 것처럼 보인다. 물 속에 잠긴 부분이 실제 젓가락보다 떠 보이

물속의 물고기는 굴절로 인해 원래 위치보다 더 떠 보이게 된다.

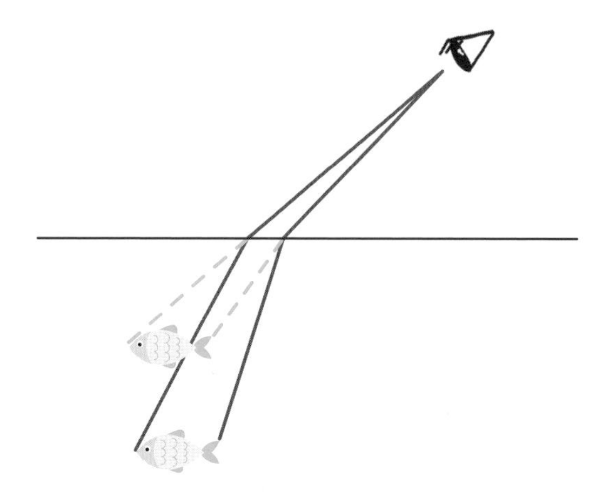

기 때문에 생기는 현상이다.

목욕탕 물속에서 보는 내 손도 떠 보이고, 시냇가의 바닥에 있는 조약돌들도 모두 떠 보인다. 물웅덩이의 바닥이 보기에는 얕아 보여도 실제 깊이는 우리가 보는 것보다 훨씬 깊기 때문에 주의해야 한다.

젓가락을 물에 담그면 떠 보이기 현상을 관찰할 수 있다.

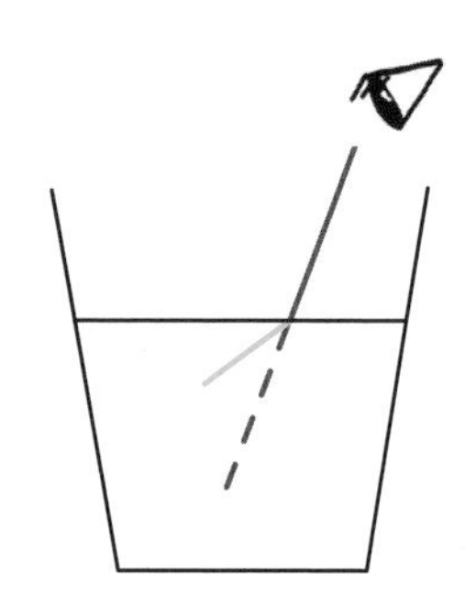

온도와 굴절

굴절은 파동이 진행하다가 서로 다른 물질의 경계면에서 꺾이는 현상이다. 그런데 같은 물질이더라도 온도가 다르면 굴절의 관점에서는 서로 다른 물질로 취급된다. 가장 흔한 예가 공기이다. 공기 중에서 소리의 속력은 공기의 온도에 따라 달라진다. 공기의 온도에 따라 달라지는 소리의 속력을 식으로 표현하면 다음과 같다.

$$\text{소리의 속력} = 331 + (0.6\times\text{공기의 온도})\ (\text{단위: m/s})$$

이 식을 통해 공기의 온도가 올라갈수록 소리의 속력도 빨라진다는 것을 확인할 수 있다. 즉 뜨거운 공기를 지나는 소리가 차가운 공기를 지나는 소리보다 더 빠른 것이다. 소리의 속력이 온도에 따라 달라진다는 사실이 대수롭지 않아 보이겠지만 이것으로 신기한 현상이 일어난다.

태양이 떠 있는 낮에는 지열에 의해 지표면의 온도가 가장 높고 위로 올라갈수록 온도가 낮아진다. 만일 공기의 온도가 똑같다면 구급차에서 나온 소리는 꺾이지 않고 직진할 것이다. 하지만 실제로는 지표면에서 고도가 높아질수록 온도가 낮아지므로 소리의 속력은 위로 가면서 점점 느려지게 된다. 이렇게 느려진 소리는 온도가 변할 때마다 굴절하기 때문에 위로 휘어진다. 낮에는 소리가 위로 휘기 때문에 낮말은 새가 듣는다는 속담은 과학적 근거를 가진다고 할 수 있다. 우리 선조들은 이런 것들을 어떻게 아셨을까?

'신기루'라는 말을 들어봤을 것이다. 신기루는 대기 중에서 빛이 굴절되어 땅 위에 무언가 있는 것처럼 보이는 현상을 말한다.

지표면과 대기 중의 온도 차이로 인해 굴절하는 소리

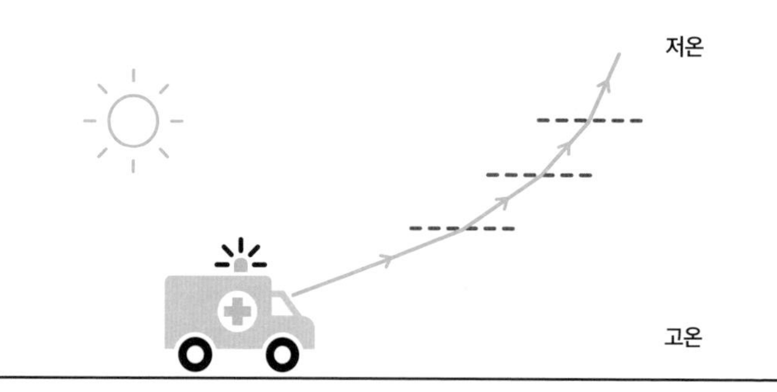

뜨거운 지표면의 온도로 인해 굴절된 빛은 신기루의 원인이다.

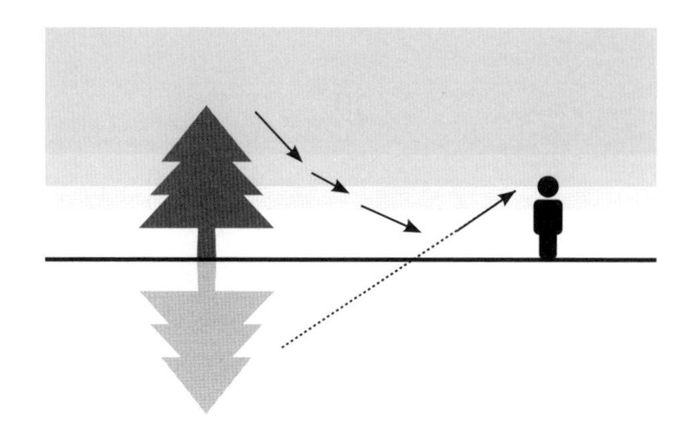

사막의 모래나 여름철의 아스팔트는 햇빛을 받아 쉽게 가열된다. 지표면 부근의 공기와 그 위쪽 공기 간의 온도 차가 커지면서 물체에서 반사되어 나온 빛이 굴절되어 눈으로 들어온다. 우리 뇌는 빛이 언제나 직진했다고 생각하기 때문에 물체가 마치 땅 위에 있는 것처럼 보인다.

무더운 여름에 뜨겁게 가열된 아스팔트에서 쉽게 신기루 현상을 볼 수 있다. 저 멀리 있는 자동차가 아스팔트 위에 상을 맺어 반짝반짝 빛나는 물웅덩이처럼 보이는 것도 신기루 현상이다. 사막의 뜨거운 모래 위에서도 반짝반짝 빛나는 신기루를 볼 수 있는데 오아시스인줄 알고 가까이 가면 물웅덩이는 어느새 사라져 있다.

진동하는 소리

1895년 프랑스의 뤼미에르 형제가 최초의 영화를 만들고 뒤를 이어 많은 영화들이 쏟아져 나왔다. 초기의 영화들은 소리가 없이 화면만 나오는 무성 영화Silent Film였다. 필요한 대사가 있으면 화면에 자막을 띄웠지만 그로는 부족해 영화 장면을 화면 밖에서 내레이션으로 들려주는 변사가 등장하기에 이르렀다.

오늘날에는 영화의 소리들이 모두 디지털 신호로 전환되었고 돌비 시스템과 같이 최적의 음향을 제공할 수 있는 기술도 개발되어 있다. 영화는 소리를 통해 긴장감을 불어 넣거나, 웅장한 사운드로 관객의 이목을 집중시킨다. 영화뿐만 아니라 일상생활에서도 소리는 중요한 역할을 한다. 소리가 만들어지는 방법과 우리의 귀가 소리를 받아들이는 방법을 알아보는 시간을 가져보자.

기타는 줄이 얼마나 팽팽한지에 따라 소리의 음높이가 달라진다. 기타 줄이 끊어져 새로 갈아 끼운 경우에는 줄을 조이고 풀어서 음정을 맞춰야 한다. 절대음감이라면 단번에 정확한 음을 알 수 있겠지만, 보통은 음을 맞추기 위해서 정확한 기준음을 내는 도구가 필요하다.

1711년 영국의 트럼펫 연주자인 존 쇼어는 악기 조율용 기준음 도구인 '소리굽쇠'를 개발했다. 소리굽쇠는 쇠막대를 말발굽처럼 U자형으로 구부려 만든 것이다. 그런데 당시에는 소리굽쇠를 만드는 명확한 기준이 없다 보니 지역이나 만드는 사람에 따라 기준음이 조금씩 달랐다.

소리는 물체의 진동수에 따라 달라진다. 진동수는 1초에 진동

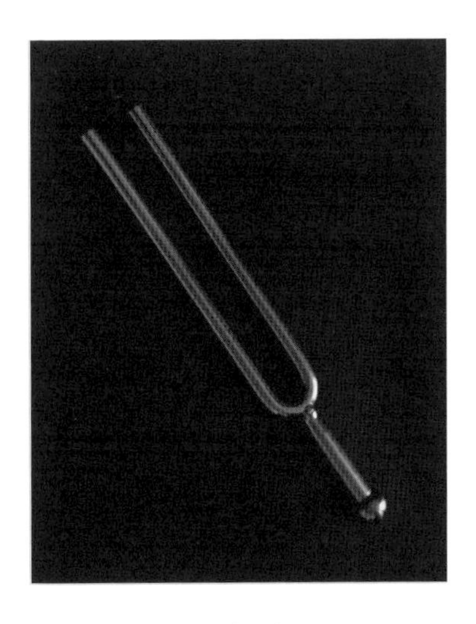

소리굽쇠

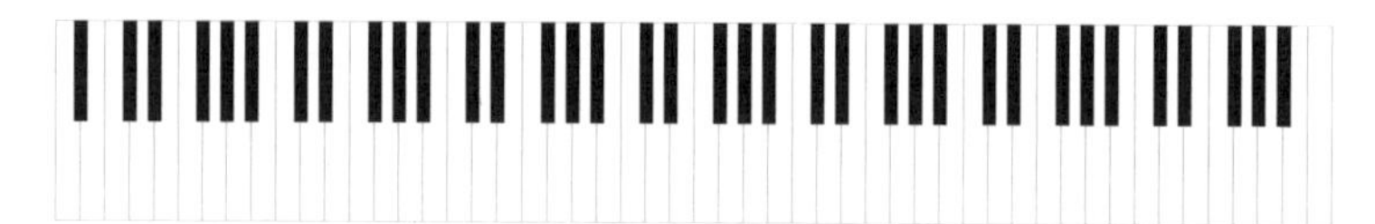

피아노 건반

하는 횟수를 말한다. 단위로는 Hz(헤르츠)를 쓰며, 1Hz는 1초에 소리굽쇠가 1번 진동한다는 뜻이다. 당시에는 소리굽쇠의 진동수가 정확히 얼마인지를 측정할 수 있는 장치가 없었기 때문에 소리굽쇠마다 음높이가 조금씩 달랐다.

피아노 맨 왼쪽 흰 건반은 A(라)음이고 이것을 'A0(에이 제로) 건반'이라고 한다. 이 A0로부터 4옥타브 높은 음이 A4 건반의 A음이다. 1834년에 음향학자 요한 하인리히 샤이블러가 독일의 슈투트가르트에서 열린 회의에서 이 음을 음높이의 기준으로 제안하였고, 이 음은 '슈투트가르트 피치'라는 조율의 기준음이 되었다. A4를 기준음으로 삼는 이유는 이 음이 진동수 440Hz의 가장 안정적인 소리이면서 사람이 듣기에 제일 명확한 음이기 때문이다. 오케스트라의 공연 전 오보에가 A4의 A음을 길게 내면 다른 악기들이 그 소리에 맞춰 음을 조율한다.

소리를 듣는 귀의 구조

귀는 어떻게 소리를 들을까? 귀의 구조와 명칭, 그리고 중요 역할에 대해 알아보자. 귀는 바깥쪽부터 외이, 중이, 내이의 세 부분으로 나뉜다. 먼저 외이부터 살펴보자.

• 외이

바깥 귀인 외이의 시작은 귓바퀴다. 귓바퀴는 피하 지방 조직이 없고 말랑말랑한 연골로 되어 있다. 그러다보니 쉽게 열을 빼앗겨 항상 체온보다 온도가 낮다. 우리가 뜨거운 물체를 손으로 만졌을 때 다급하게 귀를 잡는 이유가 여기에 있다.

귓바퀴에서 고막까지 이어지는 3cm의 길을 외이도外耳道라고 한다. 외이도 피부 안쪽에서 나온 피지가 먼지와 만나 귀지가 된

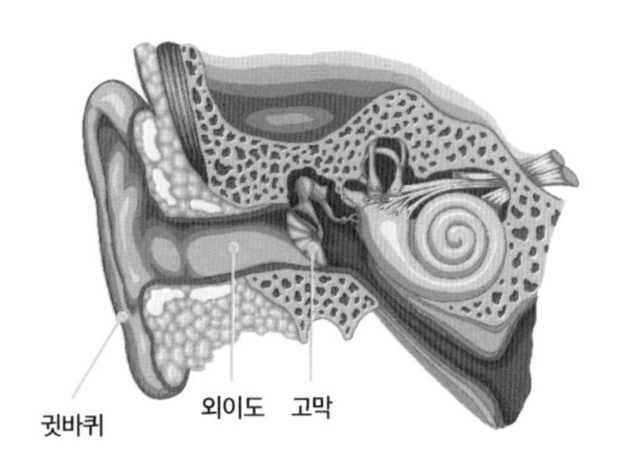

외이의 구조

다. 귀지는 때의 일종이지만 지방 성분이 많아 물이 고막 쪽으로 들어오지 못하게 막는 역할을 한다. 그리고 세균의 세포벽을 파괴하는 라이소자임Lysozyme이라는 효소가 있어 외부의 세균으로부터 외이도를 보호하는 역할을 한다. 그래서 귀지를 자꾸 파내면 오히려 좋지 않다.

고막은 외부에서 오는 소리의 진동이 전달되는 곳이다. 얇아서 손상을 입으면 쉽게 찢어질 수도 있으므로 조심해야 한다.

• 중이

고막을 지나고 나서부터가 중간 귀인 중이이다. 여기에는 고막에 연결된 세 개의 뼈인 청소골聽小骨이 있다. 이소골耳小骨이라고 불리기도 하는 청소골은 듣는데 관여하는 작은 뼈라는 뜻이다. 청소골은 고막으로 들어온 소리 에너지를 증폭시켜 우리 귀가 잘 듣게 해주는 역할을 한다.

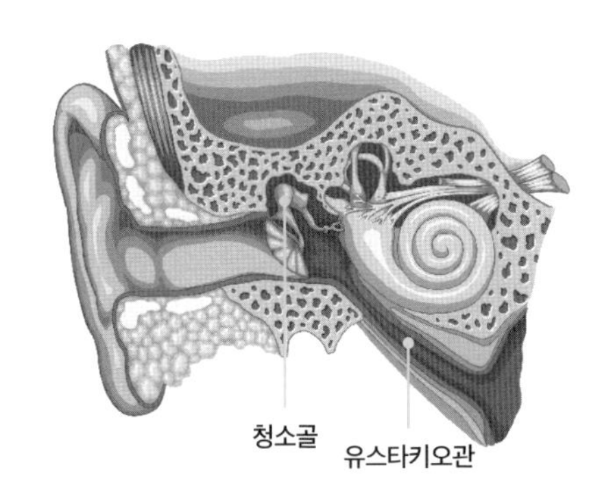

중이의 구조

중이의 아래쪽에는 유스타키오관이 있다. 이탈리아 의사 바르톨롬메오 유스타키오가 발견해서 붙인 이름으로 이 관, 귀관이라고도 한다. 유스타키오관은 중이와 귀 바깥의 압력을 같게 유지하는 역할을 하며, 보통 때는 끝이 닫혀 있다가 음식을 먹거나 하품을 하면 열린다. 비행기를 타거나 터널을 지나갈 때 귀가 뻑뻑해지는 것은 외부 기압이 고막을 누르기 때문에 생기는 현상이다. 이때 입을 크게 벌리거나, 침을 삼켜 유스타키오관을 열어주면 귀 속과 밖의 기압이 같아지면서 불편함이 사라진다.

• 내이

우리 귀 가장 안쪽에 있는 내이는 세반고리관, 전정기관, 달팽이관으로 나뉜다. 세반고리관은 동그란 고리의 절반 모양인 반고리 세 개가 서로 수직을 이루고 있어서 붙여진 이름이다. 반고리관에는 림프액이 차 있어서 우리 몸이 회전하고 있는지를 감지한

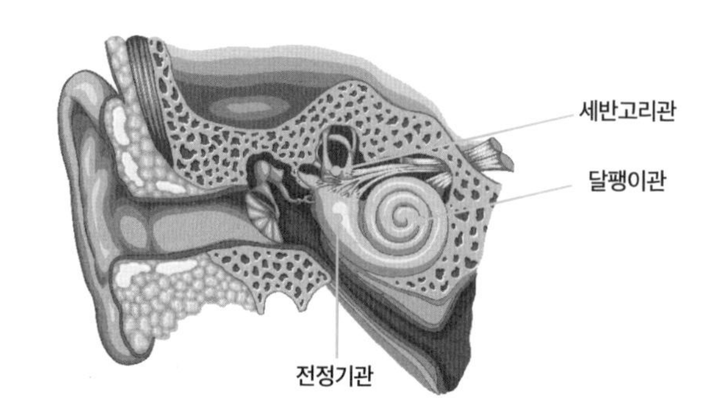

내이의 구조

다. 우리 몸이 빙글빙글 돌다가 갑자기 멈춘다 해도 림프액은 계속 움직이려는 관성이 남아 있어 어지러움을 느끼게 된다.

전정기관의 전정前庭은 대문과 현관문 사이에 있는 정원이란 뜻으로, 어떤 공간으로 들어가는 입구에 있는 또 다른 공간을 뜻한다. 달팽이관 바로 앞에 빈 공간이 있기 때문에 이를 전정기관이라고 부르게 되었다. 전정기관은 몸의 평형을 감지하는 기관이다. 이 곳에 있는 아주 작은 칼슘 덩어리인 이석이 벽에 난 작은 털을 건드리면서 평형을 감지하게 한다. 이렇게 빈 공간인 전정은 귀에만 있는 것이 아니다. 우리 몸 중에 빈 공간이 있는 코, 입, 후두, 대동맥에도 전정이 있다.

마지막으로 달팽이관은 청각에서 가장 중요한 청신경이 있는 곳이다. 달팽이관을 따라 배열되어 있는 털세포들이 청각과 관련된 여러 신호를 청신경을 통해 대뇌로 보낸다.

소리 그늘

사람의 눈이 하나라면 사물을 구분하고 볼 수는 있겠지만 거리 감각이 없어 사물이 얼마나 멀리 있는지를 알 수가 없다. 귀도 마찬가지다. 귀가 한 개여도 피아노 소리인지 바이올린 소리인지를 구분하는 것은 충분히 가능하다. 하지만 소리를 내는 음원의 위치를 정확히 알기는 어렵다.

내가 있는 곳의 오른쪽에서 나는 소리라면 오른쪽 귀에 먼저 들리고 왼쪽 귀에는 약간이지만 소리가 늦게 들릴 것이다. 우리 뇌는 이 시간차를 인식해 소리를 내는 대상이 어느 정도 위치에 있는지 가늠한다.

소리는 파동이므로 빛과 유사하게 반사나 굴절을 확인할 수 있다. 소리의 파동이 도달하지 못하는 소리 그늘Sound Shadow은 영국인 최초로 노벨물리학상을 탄 존 레일리에 의해 확인되었다.

레일리는 큰 건물의 모퉁이를 장애물로 사용하고 한쪽엔 음원을, 반대편에는 관찰자를 두었다. 이 상태에서 관찰자는 음원에서 나오는 소리를 거의 들을 수 없었다. 벽에 막혀 그림자가 지는 것처럼 소리가 벽에 가려져 소리 그늘이 생긴 것이다. 파동은 장애물을 만나면 장애물을 돌아서 그림자가 지는 부분까지도 전달되는 회절 현상이 생긴다. 하지만 모퉁이에서 소리의 회절이 일어난다 하더라도 벽에 기대선 관찰자에게는 소리가 도달하지 않았다. 이렇게 관찰자가 소리를 듣지 못하는 상태에서 모퉁이 근처에 반사판을 두고 조절하였더니 소리가 들렸다. 빛처럼 소리가 반사되어 소리 그늘이 사라진 것이다.

소리 그늘 실험

음원이 관찰자의 오른쪽에서 소리를 낸다면 관찰자의 머리가 소리 그늘을 만들어 왼쪽 귀에는 소리가 작게 들린다. 이러한 현상은 파장이 짧고 진동수가 큰 소리의 경우에 더 잘 일어난다. 파장이 길고 진동수가 작은 소리는 관찰자의 머리를 지나면서 회절이 일어나 왼쪽 귀까지 잘 도달한다. 이러한 소리 그늘 현상으로 우리는 음원의 방향을 알아낼 수 있다.

진동수와 공명

고무줄은 잡아당기면 늘어나고 힘을 빼면 원래 모양으로 돌아가는데 이러한 성질을 탄성Elasticity이라고 한다. 모든 물체에는 탄성이 있다. 말랑말랑한 고무공, 볼펜 앞부분에 있는 작은 용수철, 심지어 우리 얼굴의 볼살도 탄성이 있다. 전혀 늘어날 것 같지 않은 딱딱한 나무, 플라스틱, 쇠붙이조차도 탄성이 있다. 결국 분자들로 만들어진 모든 물질에는 탄성이 있는 것이다. 물질의 탄성 때문에 모든 물체는 진동할 수 있다.

각 물체는 제각각 서로 다른 고유 진동수를 가지고 있는데, 같거나 거의 비슷한 진동수를 가진 외부의 충격을 받으면 진폭이 커진다. 이러한 현상을 공명Resonance이라고 한다. 공명은 함께共 운다鳴는 의미인데 함께 울면 소리가 엄청 커지게 되는 것처럼 공명이 일어나면 진동이 커진다는 것이니 이 현상에 제법 잘 어울리는 표현 같다.

절도 있고 통일된 동작이 생명인 군인들에게 알려진 격언이 있다. "다리를 건널 때는 발을 맞춰 걷지마라." 실제로 1831년 영국의 브로스턴 다리에서 발맞춰 건던 군인들의 걸음 진동수가 브로스턴 다리의 진동수와 거의 일치해 공명 현상에 의해 다리가 무너진 적이 있었고 1940년 11월 7일 미국 워싱턴에 있는 타코마 다리에 분 바람이 다리의 고유 진동수와 공명하는 탓에 다리가 무너지기도 했다. 2011년 7월에는 서울 광진구 소재의 39층 건물이 갑자기 크게 흔들리는 일이 발생해 사흘 동안 건물을 폐쇄한 일도 있었다. 원인은 같은 건물 12층에 있는 피트니스 센터에서 20여 명의 사람들이 같은 동작의 에어로빅을 20분간 반복하면서 운동 동작의 진동수와 건물의 고유 진동수가 공명한 것이었다.

마림바와 해금

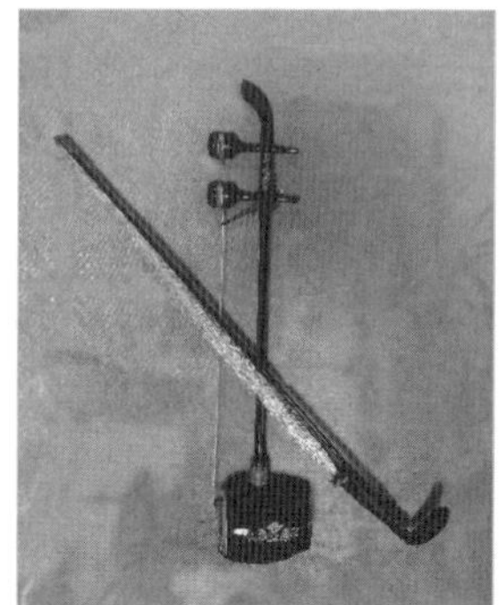

공명 현상은 악기에도 자주 사용된다. 아프리카에서 기원한 타악기인 마림바Marimba는 건반 아래쪽에 한쪽 끝이 막힌 파이프를 둬서 건반을 때릴 때 나는 소리가 파이프와 공명을 일으켜 맑고 큰 소리를 내도록 한다.

우리의 전통 현악기인 해금은 대나무 뿌리를 잘라 만든 공명통을 사용한다. 해금의 공명통은 다른 악기에 비해 크기가 작아 마치 코가 막힌 소리가 난다고 해서 깡깡이라고도 불렸다.

사운드 마스킹

소리는 파동 중에서도 종파Longitudinal Wave다. 종파란 파동의 진행 방향과 매질의 진동 방향이 나란한 파동을 말한다. 용수철을 잡아당겼다 놓았을 때 용수철이 빽빽한 부분과 성긴 부분이 반복해서 나타나는 것과 비슷하다. 이처럼 소리는 그 에너지에 따라 공기의 압력이 커지는 부분과 압력이 작아지는 부분이 만들어지게 되고, 이것이 공기를 따라 전파되어 내 귀에 도달한다. 이렇게 소리가 전파될 때 공기의 압력이 생기는 것을 음압Sound Pressure이라고 한다.

소리는 청각 기관인 달팽이관 내의 작고 촘촘한 털들이 반응하고, 이 반응이 대뇌로 전달되는 과정을 통해 들린다. 이때 촘촘한 털들은 듣는 소리의 진동수에 따라서 민감하게 반응하기도 하고, 둔감하게 반응하기도 한다. 이렇게 음압과 진동수가 우리가 듣는 소리의 크기를 결정한다.

고음이나 큰 소리에 유독 민감한 사람이 있다. 귀로 전달되는 큰 소리를 막아주는 근육이 손상을 입었거나 대뇌로 소리를 전달해주는 신경이 예민한 청각과민증인 경우에 이런 증상이 심하게 나타난다. 청각과민증은 일상생활에서 들리는 소리를 소음으로 받아들이므로 신경이 곤두서게 되고, 몸이 긴장 상태가 되어 수면 부족, 혈관계 질환 등의 2차 질병을 일으킬 수도 있다.

이런 경우 사운드 마스킹Sound Masking을 이용하면 좋다. 사운드 마스킹은 일부러 인공적으로 소리를 만들어 주변 소음을 덜 인식하게 하는 기술로 '소음 중화 장치'라고도 한다. 예를 들어 수돗물을 틀어 놓고 대화를 할 때는 목소리가 잘 들리지 않는 것과 비슷하다. 마스킹되어 들리지 않는 소리의 범위는 음압과 진동수에 따라 달라진다. 마스킹을 위한 소리의 음압이 높거나 소음과 마스킹을 위한 소리의 진동수가 서로 비슷할 경우 마스킹이 잘 일어난다.

15

꼭 필요한 소음

차가 꽉 막힌 도로에서 들리는 자동차 경적 소리, 한밤중에 윗집에서 들려오는 쿵쿵거리는 발소리, 조용한 지하철에서 갑자기 울리는 누군가의 휴대 전화 벨소리…. 우리는 생활하면서 정말 많은 소리와 마주한다. 그중에는 들으면 얼굴이 찌푸려지는 소음도 꽤 있다.

소음은 '듣기 싫은 소리'로 사람마다 정도의 차이가 극명하다. 어떤 사람은 주위가 완전히 조용해야 마음이 편안하다고 말하고 어떤 사람은 너무 조용한 환경보다 어느 정도 소음이 있는 것을 선호한다.

그런데 오늘 하루 동안 내가 들은 소리를 가만히 기억해 보면 듣기 좋았던 소리보다 들어서 불쾌함을 느끼는 소음이 더 많이 떠오른다. 산업화 이후 문명이 만든 소리는 항상 부정적인 것으로 여겨져 왔기 때문에 이는 당연하다고 할 수 있다. 그런데 아이러니하게도 소음으로 돈을 버는 사람들도 있다. 이번 시간에는 소리와 소음의 모든 것을 낱낱이 살펴보도록 하자.

이탈리아 자동차 마세라티Maserati는 처음 시동을 걸 때 들리는 엔진 소리가 독특하기로 유명하다. 사실 이 소리는 자동차의 원래 엔진에서 나는 소리와 피아니스트가 연주한 소리를 섞어서 만든 것이다. 또, 영화 〈터미네이터〉에서 주인공 아놀드 슈왈제네거가 탔던 할리데이비슨 오토바이는 말이 힘차게 달리는 것과 같은 엔진의 진동, 그리고 웅장한 배기음을 특허로 출원하기도 했다. 엔진이 없어 조용하고 승차감이 좋은 전기 자동차는 운전자에게는 쾌

웅장한 배기음으로 유명한 '할리데이비슨 오토바이'

적한 환경을 제공하지만 보행자에게는 위험하므로 안전을 위해 일부러 소음을 내며 달리고 있다.

빛은 색깔마다 파장과 진동수가 다르다. 그런데 모든 색깔의 빛을 합하면 백색광이 된다. 그렇다면 백색소음은 무엇일까? 소음의 색이 하얗다는 것일까? 국립국어원 표준대사전에는 '영에서 무한대까지의 주파수 성분이 같은 세기로 골고루 다 분포되어 있는 잡음'이라고 정의되어 있다. 백색소음은 그냥 잡음이다. 다양한 진동수(통신에서는 주파수라고 한다)의 소리를 포함하고 있는데 백색광을 흉내내어 백색소음이라고 부를 뿐이다.

파도 소리는 사람들을 심리적으로 편안하게 만든다. 넓은 바다의 시원한 파도 소리에는 진동수가 작은 저음도 있고, 진동수가 큰 고음의 소리도 있다. 이렇게 파도 소리, 차분히 내리는 빗소리, 풀숲 사이로 불어오는 바람 소리 등이 백색소음이다. 다시 말하면 듣기 좋은 잡음이란 얘기다.

어떤 사람들은 너무 조용한 것을 좋아하지 않는 경우도 있다. 부담스럽다고 말하는 것이 더 잘 어울리겠다. 그래서 최근에는 다양한 곳에서 백색소음을 이용하고 있다. 백색소음 발생기를 부착한 스터디카페, 서울대학교 도서관 잡음을 백색소음으로 송출하는 콘텐츠도 등장했다. 소음을 이용해 돈을 벌다니 정말 대단한 일이다.

16

소리와 매질

소리는 고체음과 기류음으로 나뉜다. 고체음은 손뼉 소리, 북소리, 자동차가 충돌할 때 나는 소리와 같이 두 물체가 부딪혀서 나는 소리이다. 기류음은 물체끼리 부딪혀서 나는 소리가 아니라 공기의 흐름에 의해 만들어지는 소리이다. 바람 소리, 휘파람 소리, 피리 소리 등이 여기에 해당된다.

소리가 공간을 따라 퍼져 나가려면 소리를 전파시키는 물질이 필요한데 이것을 매질이라고 한다. 그래서 공기가 없는 달에서는 상대방의 목소리를 들을 수가 없다. 공기를 통해 전달되는 소리는 1초에 340m를 나아가는데, 이 속력을 '마하 1'이라고 한다. 마하 1이 넘는 속력으로 날아가는 비행기는 자신이 낸 소리를 뚫고 비행할 수 있다. 다만 이때 큰 충격음이 나는데 이것을 소닉 붐 또

콩코드 여객기

는 충격파라고 한다.

1976년에 프랑스와 영국이 공동 제작한 비행기 '콩코드'는 마하 2의 초음속 여객기였다. 기존의 비행기는 파리에서 뉴욕까지 8시간이 걸렸지만 콩코드는 같은 거리를 3시간 만에 갈 수 있었다. 콩코드는 기존 여객기 요금보다 15배나 비쌌지만 시간에 쫓기는 사업가 등의 부유층에게는 인기가 높았다. 그런데 콩코드가 마하에 돌입하는 순간 만드는 소닉 붐이 지상에 전달되면서 소음 피해로 인한 민원이 끊이지 않았다. 그리고 2000년 7월에는 콩코드가 이륙 직후 폭발하는 사고로 승객과 승무원 전원이 사망하는 일이 발생했다. 이후 불안감을 느낀 승객들이 콩코드를 기피하면서 대규모 적자를 면치 못한 항공사는 2003년, 콩코드의 운항을 중지하였다.

소리는 공기를 통해서만 전파되는 것이 아니라 액체, 고체에서도 잘 전달된다. 물속에서는 소리가 1초에 1500m를 나아가는데 공기에서보다 4배 이상 빠르다. 고체에서는 속력이 더 빨라서 철의 경우 1초에 5km를 진행한다.

달에서는 공기가 없어서 공기를 통한 소리의 전달은 어렵지만 우주인이 쓰고 있는 헬멧을 맞대고 말하면 소리의 진동이 헬멧으로 전파되어 명확한 소리를 들을 수 있다. 이것은 어릴 적 종이컵에 실을 연결하면 멀리서도 대화가 가능했던 것과 같은 원리로 소리의 매질은 공기만이 아니라는 것을 보여준다.

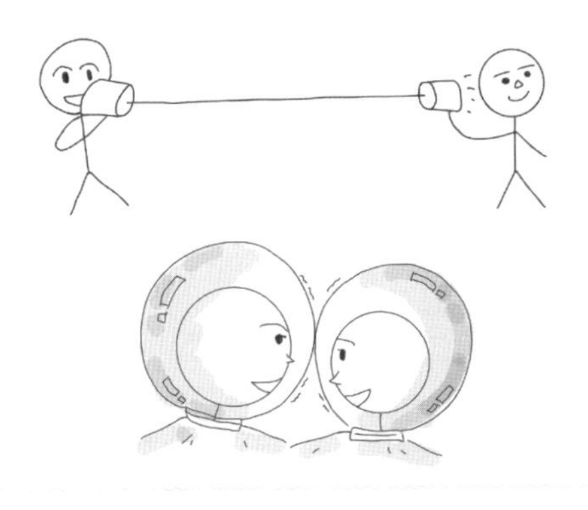

싱크로나이즈드 스위밍은 멋진 음악에 따라 물속에서 함께 동작을 맞춰 훈련된 안무를 연출하는 수영 종목이다. 경기 중 음악은 수영장 벽면에 설치된 스피커에서 나오는데 어떻게 음악과 동작을 맞출 수 있을까? 그 이유는 선수의 머리가 물속에 잠겼을 때도 물속에서 그 소리를 명확하게 들을 수 있기 때문이다.

17 소리의 3요소

소리에는 그 소리가 어떤 소리인지 결정짓는 세 가지 요소가 있다. 소리의 3요소인 높이, 세기, 맵시에 대해 알아보자.

소리의 높이는 음파의 진동수에 의해 결정된다. 진동수가 작으면 낮은 소리, 즉 저음이고, 진동수가 크면 높은 소리인 고음이다.

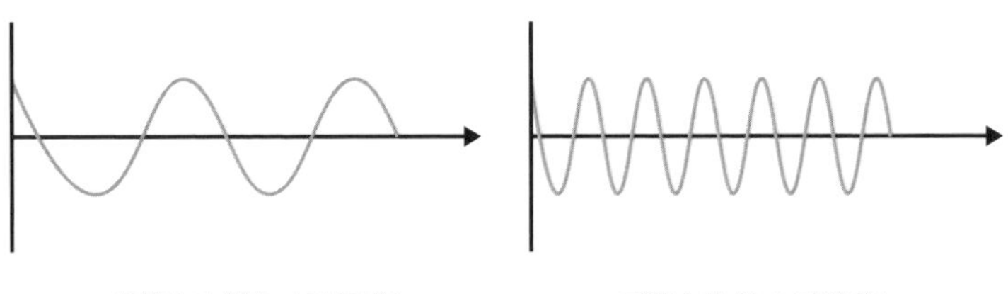

진동수가 작은 소리(저음)　　진동수가 큰 소리(고음)

사람이 들을 수 있는 소리의 진동수를 가청 진동수라고 한다. 가청 진동수의 범위는 16~2만 Hz이며 2만 Hz 이상의 소리는 사람이 들을 수 없는 소리로 초음파라고 부른다. 하지만 박쥐나 돌고래는 초음파를 이용해 어두운 동굴을 날아다니면서 먹이를 잡거나 의사소통을 하기도 한다.

일반적으로 우리가 가장 잘 들을 수 있는 소리는 3000Hz 정도지만 노화로 인해 달팽이관의 청세포가 기능을 제대로 하지 못하면 들을 수 있는 소리의 범위가 좁아진다. 따라서 10대 청소년들이 들을 수 있는 음역대와 40대 어른들이 들을 수 있는 음역대가 다르다.

영국 웨일즈의 어느 쇼핑몰에는 불량 청소년들이 들어와 시끄럽게 떠들고 난리를 치는 일이 잦았다. 이를 해결하기 위해 하워드 스테이플턴이라는 발명가가 1만 8천 Hz 이상의 소리를 발생시키는 장치를 개발했다. 이 소리를 쇼핑몰 안에서 틀었더니 4,50대의 어른들은 아무렇지 않게 쇼핑을 했지만 10대들은 이 소리가 거슬려 쇼핑몰을 빠져나가야 했다. 연령대에 따라 가청 진동수가 다르다는 사실을 이용하여 문제를 해결한 것이다. 2006년 영국에서 개발된 이 기술은 미국으로 건너가 틴벨Teen Bell이라는 10대만 들리는 벨소리로 선풍적인 인기를 누렸다.

소리의 세기는 음파의 진폭에 의해 결정된다. 진폭은 파동의 진동 중심으로부터 최고점까지의 거리를 말한다. 진폭이 작으면 약한 소리이고, 진폭이 크면 센 소리, 즉 큰 소리이다.

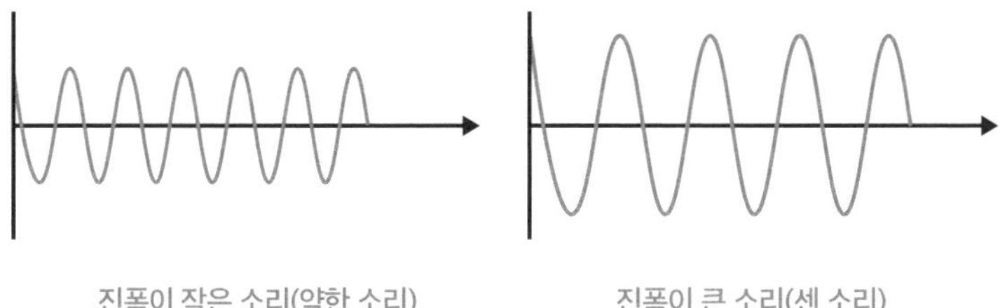

진폭이 작은 소리(약한 소리) 진폭이 큰 소리(센 소리)

소리의 세기를 나타내는 단위는 dB(데시벨)이다. 10dB이 증가할 때마다 소리의 세기는 10배씩 증가한다. 따라서 40dB은 20dB보다 2배 큰 소리가 아니라 100배 큰 소리다. 도서관처럼 조용한 곳에서 나는 소음은 40dB 정도이고, 평상시 대화하는 소리

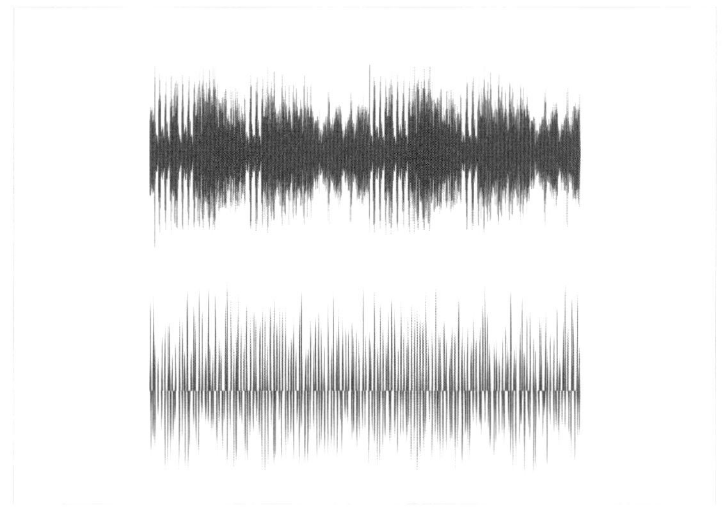

소리의 맵시

는 60dB, 자동차의 경적 소리는 110dB 정도다.

소리의 맵시는 음파가 가진 파동의 형태로 결정된다. 눈을 감고도 피아노 소리와 클라리넷 소리를 구분할 수 있는 것은 두 소리가 만든 파동의 형태, 즉 파형이 다르기 때문이다. 사람들의 목소리가 제각각 다른 것은 소리의 맵시가 사람마다 다르기 때문이다. 손가락의 지문指紋이 사람마다 다른 것처럼, 목소리의 지문인 성문聲紋도 사람마다 다르다. 성대모사를 잘하는 사람은 상대방 목소리의 파형과 비슷한 소리를 잘 만드는 것이다.

18

소리의 간섭

하나의 소리는 다른 소리와 만나서 큰 소리가 될 수도 있고, 작은 소리가 될 수도 있다. 이렇게 두 파동이 만나서 진폭이 달라지는 현상을 간섭interference이라고 한다. 보통 일상생활에서 다른 사람이 간섭하고 참견한다는 말을 쓰는데 그 의미와 똑같다. 소리의 간섭도 하나의 파동이 다른 파동에게 참견하거나 간섭하는 것을 말한다.

모양이 동일한 파동이 만나면 진폭이 커지고, 반대로 모양이 정반대인 파동이 만나면 진폭이 작아지거나 0이 된다. 이와 같이 진폭이 커지는 간섭을 보강 간섭이라고 하고, 진폭이 작아지는 간섭을 상쇄 간섭이라고 한다.

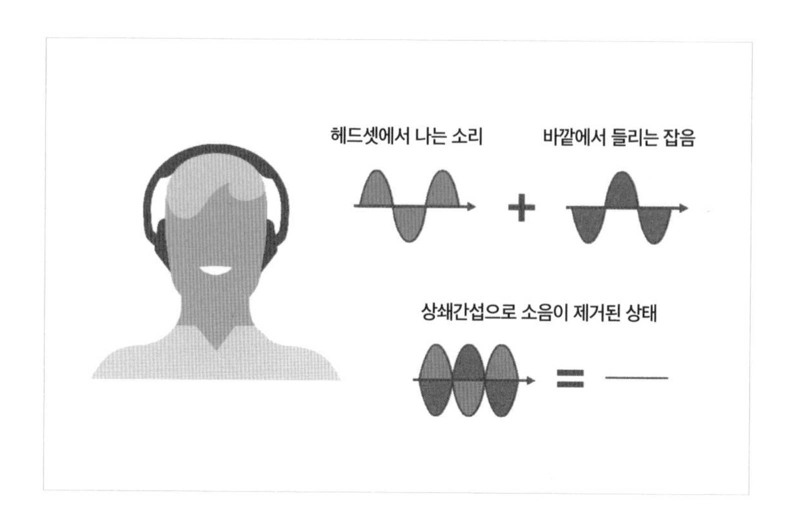

노이즈 캔슬링 헤드셋의 원리

상쇄 간섭을 이용한 것이 소음 제거 헤드셋이다. 일명 노이즈 캔슬링이라고도 하는데, 소음을 제거하거나 줄이는 효과가 있다. 외부에서 소음이 발생하면 헤드셋에 있는 센서가 외부 소음과 반대 파형의 소리를 만든다. 그러면 상쇄 간섭이 일어나 소음이 줄어든다. 소음 제거 헤드셋은 원래 비행기 조종사들이 사용했지만 최근에는 소음 제거 기술을 적용한 무선 이어폰도 등장하여 많은 사람들이 이용하고 있다.

19

사운드 스케이프

일본 도쿄의 지하철은 열차의 출발을 알리기 위해 멜로디를 사용하는데, 이것을 발차음trains jingle이라고 한다. 발차음은 열차가 곧 출발한다는 신호이므로 이 소리를 통해 승객이 무리하게 승차할 때 생길 수 있는 사고나 열차 지연을 막을 수 있다. 각 역마다 다른 발차음은 음악 프로듀서인 미노루 무카이야가 만든 것으로 200여 개가 있다.

이전에도 발차음이 없던 것은 아니다. 하지만 전에 사용하던 발차음은 '띠리리리~' 하는 높은 기계음이어서 가뜩이나 시끄럽고 혼잡한 플랫폼이 더 신경질적이고 산만한 장소가 되었다. 지금 사용하는 발차음은 듣기에 무난한 음역대의 멜로디로 지하철을 이용하는 승객들에게 좋은 반응을 얻고 있다.

이처럼 각종 소음을 듣기 좋은 소리로 녹음하고 조합해서 사람들의 기분을 즐겁게 하는 연출 기법을 '사운드스케이프Soundscape'라고 한다. 사운드스케이프는 소리Sound와 풍경Landscape의 합성어로, 1970년대 캐나다의 음악가인 머레이 쉐퍼가 처음 개발했다. 사운드스케이프는 현재 작곡, 전시회, 건축, 도시계획 등에 널리 사용되고 있다. 화장실에서 들리는 감미로운 클래식 음악, 아스팔트에 홈을 낸 도로를 자동차가 달릴 때 특정 노래가 연주되게 하는 것, 도심에 작은 물길을 만들어 사람들이 자연스럽게 물소리를 들을 수 있는 거리를 만드는 것 등이 모두 사운드스케이프에 해당한다.

일본 지하철

물리치자 질병의 세계

몸에 생기는 여러 가지 병을 질병疾病이라고 한다. 질疾은 아프다, 괴롭다는 뜻이니 질병은 아프고 괴로운 병이란 의미일 것이다. 하긴 아프지 않은 병이 어디 있겠는가.

질병에는 고혈압이나 당뇨병과 같이 개인의 생활 방식이나 환경에 의해 생기는 '비감염성 질병'과 병원체가 원인인 '감염성 질병'이 있다. 개인 위생과 건강한 생활 습관은 비감염성 질병을 대체로 막을 수 있다. 하지만 정말 무서운 것은 다른 사람에게까지 옮겨지는 감염성 질병이다. 감염성 질병의 대표적 사례가 코로나다. 이번 시간에는 우리의 생명을 위협하는 감염성 질병에 대해 집중적으로 알아보고 우리 몸이 병균들을 어떻게 물리치는지 살펴보자.

우유에는 젖당Lactose이 들어 있다. 우리 몸에는 락테이스Lactase라는 효소가 있어서 젖당을 분해할 수 있다. 그런데 락테이스는 사람마다 가지고 있는 양이 다르다. 락테이스가 부족한 사람은 우유의 젖당을 모두 분해시키지 못해 설사를 하는데, 이 증상을 '젖당불내증', 혹은 '유당불내증' 이라고 한다. 우유를 먹으면 설사를 하는 사람들은 젖당을 제거한 우유인 락토프리 우유를 먹는 것도 하나의 방법이다. 우유를 아예 안 먹을 수 있지만, 그래도 우유를 마시라고 권하고 싶다. 그만큼 우유는 유익한 영양소가 풍부한 식품이기 때문이다.

하지만 젖소에게서 얻은 우유를 아무 처리도 하지 않고 마시면 사망에 이를 만큼 위험하다. 대장균, 리스테리아, 캠필로박터, 살모넬라와 같은 식중독을 일으키는 해로운 세균의 공격을 받아 질병에 걸릴 수 있기 때문이다. 따라서 우유 회사에서는 젖소에서 얻은 원유를 열처리를 통해 미생물을 제거한 후 소비자에게 공급한다.

원유를 열처리하는 방법은 130℃에서 2초간 살균하는 초고온처리법과 63℃의 온도에서 30분간 살균하는 저온살균법이 있다. 초고온처리법은 비용이 적게 드는 장점이 있어서 국내에서 유통되는 대부분의 우유가 초고온처리법을 사용한다. 이에 일부 기업에서는 우유를 초고온처리하면 영양소 파괴와 단백질 변형이 일어난다는 근거를 앞세워 저온살균을 강조하기도 한다.

우유는 젖소에게서 얻는다.

135℃에서 3~4초 동안 초고온살균을 한 우유를 테트라팩Tetra pack에 포장한 멸균 우유도 있다. 테트라팩은 1952년 스웨덴의 테트라팩 회사에서 개발한 포장 방식으로 안쪽을 은박지로 포장한 네 겹의 종이팩을 말한다. 빛과 공기를 차단하여 유통기한을 획기적으로 늘어나게 하는데 기여했다.

감염성 질병의 원인, 세균과 바이러스

병원체에 의해 나타나는 질병을 '감염성 질병'이라고 한다. 감염성 질병은 타인에게 전염되기도 해서 주의가 필요하다. 질병의 원인을 제공하는 대표적인 병원체인 세균과 바이러스에 대해 알아보자.

세균은 박테리아Bacteria라고도 불리는데, 감염된 생물의 조직을 파괴하거나 독소를 분비해서 질병을 일으킨다. 세균에 의한 질병으로는 대표적으로 결핵, 식중독, 폐렴 등이 있다.

세균은 하나의 세포로 이루어져 있고, 원시적인 핵을 가졌다. 원시적인 핵이란 핵을 둘러싼 막이 없어서 유전물질인 DNA가 세포질에 퍼져있다는 의미이다. 이러한 구조를 따서 세균을 단세포 원핵생물이라고 한다. 세균은 모양에 따라 동그란 모양의 구균, 기다란 모양의 간균, 꽈배기처럼 꼬여 있는 나선균으로 나뉜다.

세균은 모양에 따라 구분된다.

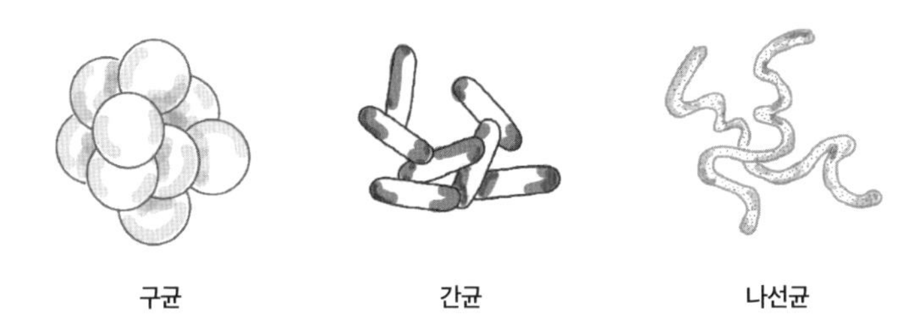

하지만 세균이 모두 나쁜 것은 아니다. 어떤 세균은 몸에 필수적이고 유익하다. 사람에게 이로운 세균의 대표적인 예가 유산균이다. 몸이 아플 때, 나쁜 세균을 죽이기 위해 항생제를 사용하지만 오히려 좋은 세균까지 함께 죽일 수도 있기 때문에 항생제를 복용할 때는 전문의와 상담하는 등 주의를 기울여야 한다.

세균과 다른 병원체인 바이러스는 세포 구조가 아니어서 살아 있는 다른 생명체의 세포에 기생한다. 세포 속에서 계속 증식하며 수를 늘리다가 더 이상 증식할 수 없을 정도로 수가 많아져 세포가 좁아지면 밖으로 빠져 나오며 세포를 파괴한다. 이때 고열 등이 나타난다. 감기를 일으키는 아데노 바이러스Adenovirus, 독감의 원인이 되는 인플루엔자Influenza 바이러스가 대표적이고 그 외에도 코로나, 홍역, 소아마비, 에이즈AIDS 바이러스 등이 있다.

위염과 위궤양

위stomach에는 음식물의 소화를 돕는 위산이 분비된다. 위산은 수소 이온 농도 pH가 2 정도 되는 매우 강한 산성을 띤다. 이러한 위산의 성질 때문에 사람들은 위에는 세균이 살 수 없다고 믿고 있었다. 위산이 침입하는 세균들을 다 녹여 버릴 것이라고 생각했다. 그래서 위염이나 위궤양 등은 스트레스나 잘못된 식습관 때문이라고 생각했다.

그런데 1979년, 호주 의사인 로빈 워런 교수는 자신의 만성 위염 환자들에게서 채취한 위 점막에서 엄청난 수의 세균을 발견하고 이를 논문으로 써서 발표했다. 하지만 학계의 반응은 싸늘했다. 사람들은 여전히 위에서 세균이 살고 있다는 것을 믿지 않았다. 그렇지만 워런 교수의 논문에 관심을 가지고 있던 단 한 사람이 있었으니 바로 배리 마샬 교수였다.

마샬 교수는 끈질긴 실험을 통해 위에서 살고 있는 세균들을 배양하는데 성공했다. 그리고 이 세균을 헬리코박터 파일로리 Helicobacter Pylori라고 이름 붙였다. 헬리코박터 파일로리균은 암모니아 보호막으로 싸여 있어 위액의 강한 산성을 중화시킬 수 있었다. 세균의 존재를 확인하는 데 성공했으니 이제 이 세균이 위염의 원인인 것을 밝혀야 했다. 이를 위해 마샬 교수는 돼지 등 여러 동물들에게 임상 실험을 하였다.

그런데 예상과 다르게 헬리코박터균을 투입한 동물들이 위염에 감염되지 않았다. 그래서 1984년에 그는 자신이 직접 세균 배양액을 마셔 버렸다. 자신을 실험 대상으로 선택했던 것이다. 며칠 뒤 급성 위궤양에 걸린 마샬 교수는 그 아픈 와중에도 자신의 위 점막에 헬리코박터균이 있음을 확인했고, 준비한 항생제를 먹고

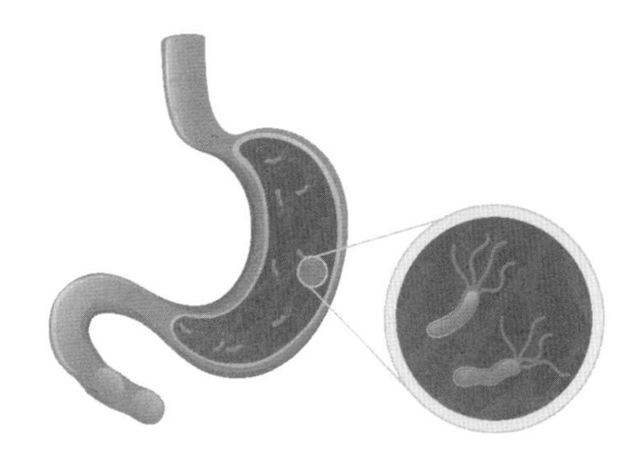

헬리코박터 파일로리균

나아 치료제까지 성공적으로 완성하였다. 헬리코박터 파일로리균이 위염과 위궤양을 일으키는 원인임을 밝힌 공로로 2005년 마셜 교수와 로빈 워런 교수는 공동으로 노벨 생리의학상을 수상한다.

광우병과 프라이온

질병을 일으키는 병원체 중에는 앞서 얘기한 세균과 바이러스 외에도 '변형된 프라이온Prion'이 있다. 세균이나 바이러스는 DNA가 있지만 프라이온은 특이하게도 단백질로만 이루어진 병원체이다. DNA가 없는데도 전염병을 일으키는 특이한 단백질로 세균이나 바이러스와는 전혀 다른 유형의 감염인자다.

정상 프라이온 단백질에 이상접힘Misfolding 현상이 일어나면 3차원 구조를 가진 변형된 프라이온이 된다. 사람을 포함한 포유류는 단백질 이상접힘 현상을 탐지해 바로 잡는 샤프론Chaperone 분자를 가지고 있다. 하지만 프라이온 변형이 빨리 진행되면 샤프론 분자가 미처 손쓸 틈도 없이 변형된 프라이온이 신경 세포에 쌓이면 신경 조직이 파괴된다. 사람을 포함한 동물이 변형된 프라

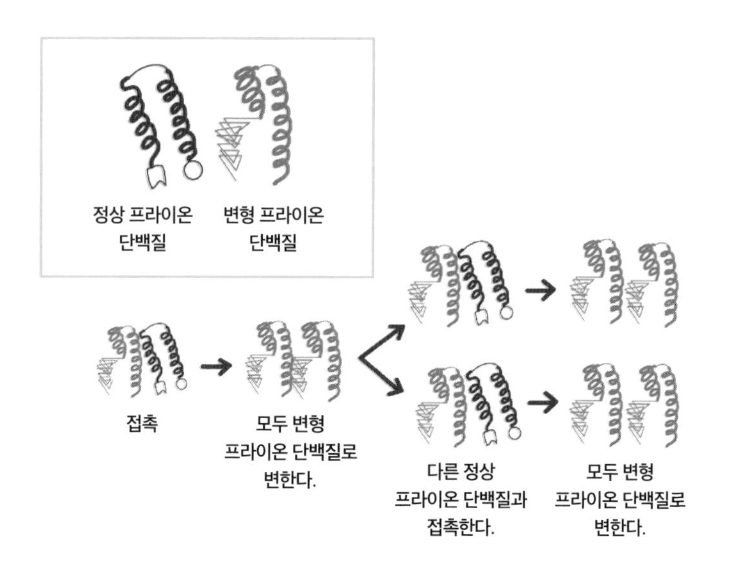

이온에 감염되면 뇌에 스펀지처럼 구멍이 뚫려 신경 세포가 죽어 뇌기능을 잃는다. 소가 이 병에 걸렸을 때, 광우병이라고 부른다.

광우병에 걸린 소를 먹으면 사람도 인간광우병에 감염될 수 있다. 인간광우병은 발견한 사람의 이름을 따서 '크로이츠펠트-야콥병'이라고 한다. 크로이츠펠트-야콥병은 치료 방법이 없고, 증상이 나타나면 평균 6개월 안에 사망한다. 변형 프라이온은 열에 강해 끓여도 파괴되지 않고, 매우 적은 양으로도 감염이 일어날 수 있다. 여타 문화권의 식사 문화와 달리 우리나라는 소뼈로 사골국을 우려먹고 소 곱창을 먹는 식문화를 공유하고 있다. 그래서 관련 당국은 육류를 수입하고 유통하는 과정에서 세심하게 검역하고, 인간광우병에 대해 치밀하게 연구해야 한다.

24

곰팡이와 항생제

유통기한이 한참 지난 빵에 곰팡이가 푸르스름하게 끼여 눈살을 찌푸린 적이 있을 것이다. 그런데 이 푸른색 곰팡이에서 얻은 추출물이 최초의 항생제라고 한다면 믿어지는가. 이전의 항생제는 병균만 죽이는 게 아니라 멀쩡한 세포까지 죽여 사람에게 몹시 해로웠다. 하지만 알렉산더 플레밍이 발견한 페니실린은 표적 병균만 죽이는 첫 항생 물질이었다. 그래서 페니실린을 '기적의 약물'이라 부른다.

세균 중 가장 널리 분포된 것은 포도상구균이다. 포도상구균은 세균이 포도송이처럼 주렁주렁 달린 모양을 하고 있어 붙여진 이름이다. 포도상구균은 건강한 사람 10명 중 3명의 피부, 털, 콧

속 등에 존재한다. 그러다가 피부에 상처가 나면 피부 속으로 침투해서 뾰루지, 식중독, 중이염, 폐렴 등 여러 질병을 일으킨다.

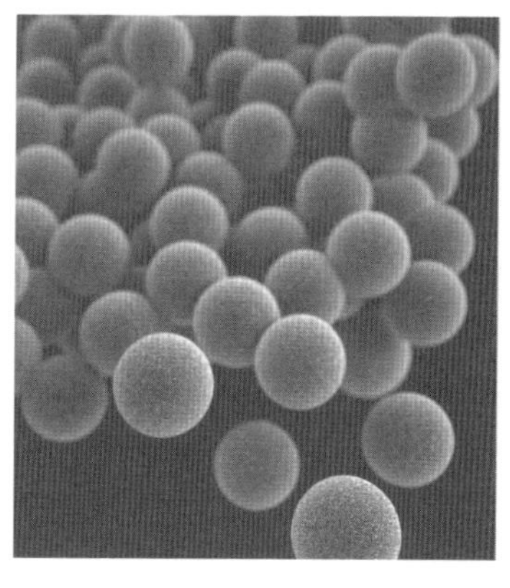
포도상구균

미생물학자들은 포도상구균의 연구를 위해 일정한 온도와 양분을 제공하는 배양기에 포도상구균을 키워 인공적으로 증식시켰다. 1928년 영국의 의사 플레밍은 여름 휴가 동안 포도상구균을 배양하는 페트리접시를 배양기 밖에 둔 것을 깜빡 잊었다. 여름 휴가에서 돌아온 플레밍은 포도상구균의 페트리접시에 푸른색 곰팡이가 자란 것을 보았다. 곰팡이가 피었다는 것은 포도상구균이 상해서 더이상 연구 가치가 없는 상태가 되었다는 뜻이다.

그런데 그것을 버리려는 순간 이상한 점을 발견하게 된다. 푸른색 곰팡이 주변에는 포도상구균이 전혀 없었다. 푸른색 곰팡이가 포도상구균을 죽인 것이었다. 이를 통해 플레밍은 곰팡이가 생산해 내는 어떤 물질이 강력한 항균 작용을 하고 있다는 사실을 알아차렸다.

플레밍에게 푸른색 곰팡이가 포도상구균의 성장을 억제한다는 것을 발견한 공로가 있다면, 오스트리아 의사인 하워드 플로리와 언스트 체인에게는 푸른색 곰팡이에서 항균 작용을 하는 물질을 추출하여 최초의 항생제를 만드는데 기여한 공로가 있다. 이 항생제는 푸른색 곰팡이가 분류학상 '페니실리움Penicillium 속'에 속한다. 페니실리움속에서 얻은 물질이라는 의미로 페니실린Penicillin이라는 이름이 지어졌다.

페니실린은 1941년에 최초로 사람에게 투여되었고 그 효과를 증명했다. 페니실린은 2차 세계대전이 한참이던 1943년에 수많은 환자들에게 사용돼 많은 사람의 목숨을 구할 수 있었다. 플레밍, 플로리, 체인 세 사람은 이러한 공로로 1945년 노벨 생리의학상을 수상하였다.

2장

일상 속의 과학

둥둥 뜨는 밀도의 비밀

작은 힘으로 들어 올리는 온 세상

뜨겁고 차가움을 결정하는 온도와 에너지

바닷물이 흐르고 공기가 움직이는 이유

튀르키예의 카파도키아는 열기구 관광으로 유명하다. 하늘에 열기구 백여 개가 둥둥 떠 있는 모습은 실로 장관이라고 할 수 있다. 사람과 장비를 실은 무거운 열기구가 수십, 수백 m 높이까지 올라갈 수 있는 이유는 무엇일까?

겨울이 되면 꽁꽁 언 호수 위에서 스케이트나 썰매를 타며 겨울 스포츠의 재미를 만끽한다. 그런데 왜 호수는 표면부터 어는 것일까? 호수는 깊은 곳으로 갈수록 햇빛이 잘 도달하지 않아 온도가 낮을 텐데, 온도가 낮은 바닥부터 얼어야 하는 것이 아닐까?

밀도를 이해한다면 해답을 충분히 찾을 수 있을 것이다. 둥둥 뜨는 밀도의 세계로 떠나보자.

유체Fluid는 기체나 액체와 같이 끊임없이 움직이거나 흐를 수 있는 물체를 말한다. 방 안의 공기는 우리 눈에 보이지 않지만 계속 움직이고 있다. 바닷물도 쉼 없이 흐르는데 이것을 해류海流라고 한다.

우리 눈으로 직접 볼 수 없어도 해류가 끊임없이 흐른다는 사실을 보여 주는 한 가지 사례가 있다. 2011년 동일본 대지진으로 발생한 쓰나미가 한 마을을 통째로 집어삼킨 일이 발생했다. 이때 사라진 무라카미라는 소년의 축구공이 해류를 타고 흘러가 13개월 뒤에 8000km 떨어진 미국 알래스카의 해변에서 발견되어 큰 화제가 되기도 했다.

그렇다면 바닷물과 공기는 어떻게 그렇게 끊임없이 움직일 수 있는 걸까? 그 이유를 알려면 밀도에 대한 이해가 필요하다.

밀도를 이용한 에어컨과 히터의 위치

밀도는 한자로 密度라고 쓴다. 밀密은 빽빽하다, 촘촘하다는 뜻이며 도度는 정도를 의미한다. 같은 한자를 쓰는 단어, 밀림은 큰 나무들이 빽빽하게 들어선 숲을 말하고, 밀착은 촘촘하게 가까이 간격을 두고 있다는 뜻이다. 과학에서도 밀도는 물질들이 빽빽하고 촘촘하게 들어찬 정도를 의미한다. 밀도는 물질의 고유한 특성이며 밀도가 다른 물체에 놓여 있으면 가라앉거나 뜨는 현상을 볼 수 있다. 물보다 밀도가 큰 쇠못은 물에 가라앉는다. 밀도가 물보다 작은 나무는 아무리 크고 무거워도 물 위에 뜬다.

겨울철에 사용하는 히터는 대개 바닥에 둔다. 히터가 공기에 열을 가하면 열에너지를 받은 공기가 활발하게 이리저리 움직인

나무 젓가락부터 무거운 통나무까지, 모든 나무는 물에서 뜬다!
나는 왜 뜨냐고? 난 수영을 잘하거든.

다. 그러다 보면 주변의 공기 입자들과 거리가 멀어져 공기 입자들이 덜 촘촘해진다. 즉, 밀도가 작아진다. 그래서 밀도가 작아진 따뜻한 공기는 위로 올라가고, 그 빈자리에 찬 공기가 채워진다. 이런 원리로 방 안의 공기가 순환하게 되고 방 안이 골고루 따뜻해지는 것이다.

히터는 바닥에 두어야 효율이 좋다.

에어컨은 바람이 나오는 쪽을 위에 둔다.

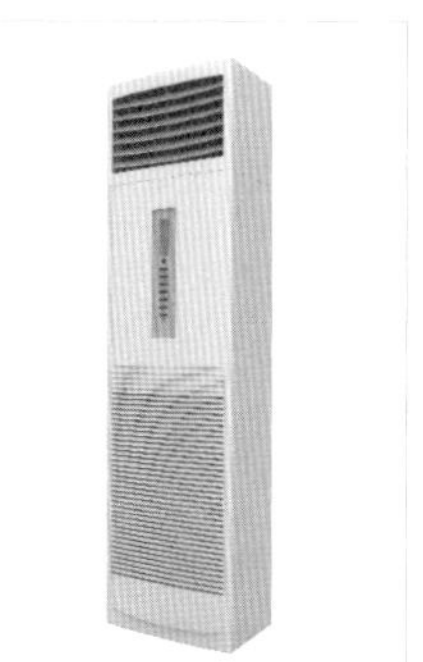

이번엔 에어컨을 살펴보자. 사람이 추우면 몸이 움츠러드는 것처럼 공기도 온도가 낮으면 움직임이 둔해진다. 공기의 움직임이 둔해진 만큼 공기 입자 사이 간격이 촘촘해진다. 밀도가 커진 찬 공기는 무거워져 아래로 내려오면서 방 안의 공기가 순환된다. 이런 이유로 에어컨 송풍구는 위를 향하는 방향으로 두는 것이 좋다. 벽걸이 에어컨을 방의 높은 곳에 설치하는 것도 이 때문이다.

얼음과 물의 밀도

물이 얼면 얼음이 되므로 물과 얼음의 밀도가 똑같을 것 같지만 놀랍게도 얼음은 물보다 밀도가 작다. 바닷물의 밀도는 1.03g/cm^3로 얼음의 밀도 0.92g/cm^3보다 1.1배 정도 커서 남극 대륙의

물 밖으로 보이는 부분은 빙산의 11%에 불과하다.

빙산은 무겁고 크기도 엄청나지만 물에 떠 있다. 물 밖으로 나와 있는 부분은 전체 빙산의 11%에 불과하고 나머지 89%는 바닷물에 잠겨있다. 우리 눈에 보이는 것은 정말 빙산의 얼마 안 되는 일부분이다. 그래서 감춰진 부분에 비해 겉으로 드러난 부분이 극히 작을 때 '빙산의 일각'이란 표현을 쓴다.

대부분의 유체는 온도가 올라가면 밀도가 작아져서 가벼워지고, 온도가 내려가면 밀도가 커지므로 무거워진다. 그런데 물만큼은 예외다. 물은 4℃일 때 밀도가 가장 크다. 오른쪽의 그래프는 온도에 따른 물의 밀도를 대략적으로 그린 것이다. 4℃ 부근에서 물의 밀도가 가장 큰 것을 볼 수 있다.

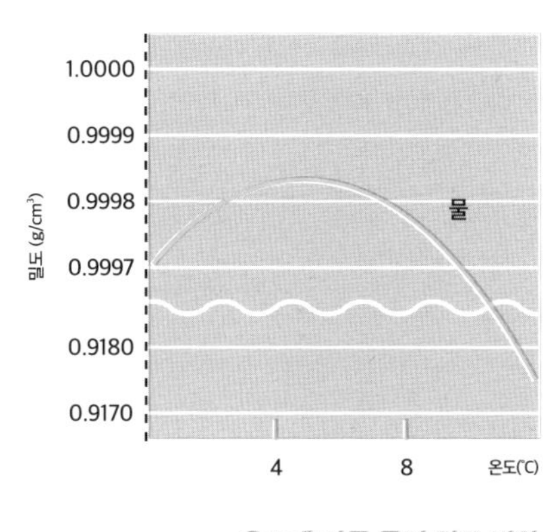

온도에 따른 물의 밀도 변화

자, 머릿속으로 커다란 호수를 하나 떠올려보자. 가을에서 겨울로 가면서 날씨가 쌀쌀해지더니 기온이 4℃가 되었다. 그러면 공기와 맞닿은 호수 표면의 물의 온도도 4℃가 될 것이다. 이때 4℃가 된 표면의 물은 밀도가 가장 높기 때문에 호수 밑바닥으로 가라앉는다. 그래서 날이 점점 추워져도 호수 바닥 쪽의 물은 위쪽에 있는 물보다 온도가 높다. 이것이 물이 표면부터 어는 이유다.

호수는 표면의 온도가 바닥보다 더 낮다

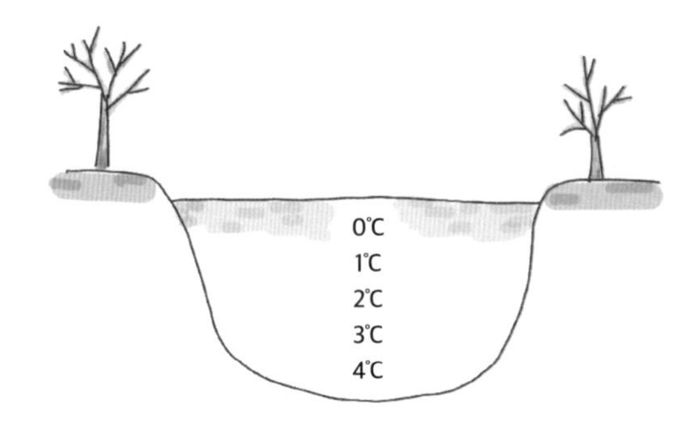

만약 호수나 강의 물이 바닥부터 얼게 된다면 바닥에 사는 많은 식물과 동물들이 죽을 것이고 생태계가 파괴되어 큰 혼란이 생길 것이다. 호수의 물이 표면부터 언다는 것은 정말로 경이로운 자연의 신비다.

물의 밀도와 어는점

4℃일 때 물의 밀도가 가장 큰 이유는 무엇일까? 물은 온도가 4℃ 아래로 내려가면 얼음으로 변신할 준비를 한다. 얼음은 물 분자가 육각형 모양으로 배열된다는 특징이 있다. 물의 온도가 4℃가 되면 물 분자 사이의 간격이 가장 촘촘하다가 4℃ 밑으로 온도가 내려가면 0℃가 되기 전까지 육각형으로 구조를 만들기 위해 물 분자의 간격을 넓힌다. 그래서 밀도가 점점 작아진다.

영하의 온도에 강이나 호수의 물은 꽁꽁 얼어도 바닷물은 잘 얼지 않는다. 어는점은 액체가 얼기 시작할 때의 온도를 말하는데 순수한 물의 경우 어는점이 0℃이다. 물의 온도가 내려가면 불규칙한 물 분자의 배열이 규칙적으로 정렬되어 얼음으로 변한다. 그런데 물 이외의 다른 물질이 물속에 녹아 있으면 그 물질이 물 분자가 규칙적으로 정렬하는 것을 방해한다. 따라서 0℃인데도 얼지 못하고 이보다 더 낮은 온도에서 물이 얼게 된다. 이 현상을 어는점이 낮아졌다는 의미에서 '어는점 내림 현상'이라고 한다. 보통 바닷물은 많은 양의 염소 이온Cl^-과 나트륨 이온Na^+이 물에 녹아 있어 물 분자가 얼음이 되는 것을 방해한다. 그래서 바닷물의 어는점은 순수한 물보다 낮은 -1.9℃이다. 이 온도 이하로 내려가면 바닷물도 표면부터 얼게 된다.

겨울의 추운 날씨는 물속에 사는 물고기에게도 매우 위협적이다. 일반적으로 물고기의 경우 물의 온도가 어는점 아래로 내려가면 눈에 보이지 않는 작은 얼음 결정들이 혈액에 생긴다. 이 조그마한 얼음 결정들은 주변의 물과 결합하게 되고 얼음의 크기가 계속 커지면 결국 물고기는 죽게 된다. 그렇다면 남극에 사는 물고기들이 얼지 않고 살아남을 수 있는 이유가 무엇일까? 빙어 등 남극에 사는 물고기들의 혈액 속에는 '결빙 방지 단백질'이라는 물질이 있어서 얼음 결정이 커지는 것을 막는다.

5

비중

비중은 4℃ 물의 밀도와 다른 물질의 밀도의 비율을 말한다. 비중이 1보다 크면 밀도가 물보다 크기 때문에 물에 가라앉는다. 반대로 비중이 1보다 작으면 물에 뜬다.

태양계의 행성 중 토성은 유일하게 비중이 0.69로 물보다 밀도가 작다. 토성이 들어갈 만한 큰 그릇을 준비하고 물을 담아두고 토성을 넣으면 토성은 물 위에 둥둥 뜰 것이다. 직접 토성을 물에 띄워보고 싶겠지만 토성의 무게는 지구의 95배라고 하니 이는 머릿속으로만 할 수 있는 실험일 것이다.

영국 케임브리지 대학교에는 캐번디시 연구소가 있다. 이곳의 초대 연구소장은 전자기학 분야의 1인자였던 제임스 맥스웰이며 전자를 발견한 톰슨, 원자핵을 발견한 러더퍼드 등도 이곳의 소장을 역임했다. 이 연구소는 1873년 데본셔 가문의 기부로 지어졌는데 데본셔 가문의 선조인 실험물리학자 헨리 캐번디시를 기념하기 위해 캐번디시 연구소라고 이름을 지었다.

캐번디시보다 90년 먼저 태어난 뉴턴은 물체들끼리 서로 당기는 힘의 크기를 비교하면 물체의 상대적인 밀도를 알 수 있다고 발표하였다. 캐번디시는 이점에 착안해 많은 사람들을 거느리고 높은 산과 바다에서 여러 번의 실험을 하고는 지구의 평균 밀도가 물보다 4.5배 크다는 것을 알게 되었다.

하지만 규모가 워낙 큰 실험인 만큼 실험 오차도 분명히 있을 것이라 생각한 캐번디시는 정확도에 의문을 품게 되었고, 1797년 과학사에 길이 남을 실험 기구를 만들었다.

먼저 다른 물질들의 영향을 적게 받게 하기 위해 밀폐된 실내의 장치를 이용하였고, 비중을 알고 있는 여러 물체들을 이용해 지구의 밀도를 측정할 수 있었다. 이때 캐번디시가 측정한 지구의

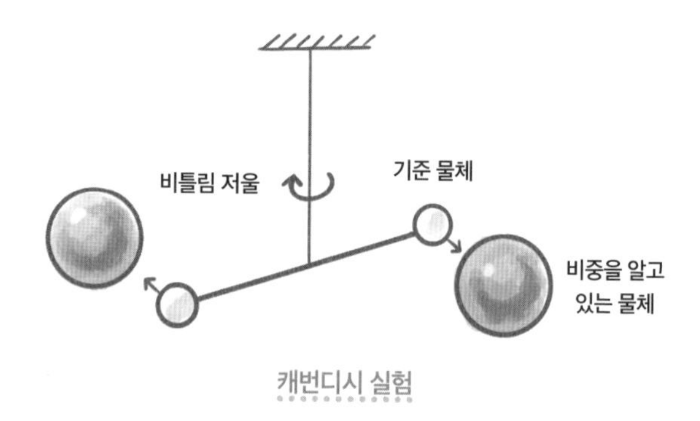

캐번디시 실험

비중이 큰 사해의 바다 위에서는 몸이 쉽게 뜬다.

밀도는 5.84로 현재 우리가 알고 있는 평균 밀도값 5.52와도 크게 차이가 나지 않는다.

이스라엘과 요르단에 걸쳐 있는 '사해'라는 호수는 일반적인 바다보다 염분이 6배 이상 높아 생물이 살지 못한다. 그래서 죽은 바다라는 뜻의 사해死海라고 불렸다.

보통 바닷물의 비중은 1.025이지만 사해의 비중은 1.24나 된다. 사람 몸의 비중은 0.98 정도여서 바다에서는 손과 발을 열심히 움직여 줘야만 뜰 수 있지만 사해에서는 가만히 있어도 몸이 떠서 누워서 책을 볼 수도 있다.

사는 동안 한 번쯤은 사해에 몸을 띄워보고 싶지만 최근 사해의 증발량이 많아 훗날엔 호수는 사라지고 소금덩어리만 남게 될 거라는 안타까운 전망도 나오고 있다.

삼투 현상

어항에 잉크 방울을 떨어뜨리면 잉크 방울이 물에 쫙 퍼진다. 이 현상을 확산Diffusion이라고 한다. 확산은 높은 밀도의 물질에서 낮은 밀도 물질로 물질 자체가 퍼져나가는 현상으로, 잉크 방울이 퍼지는 이유는 고밀도의 잉크가 저밀도의 물로 확산되었기 때문이다. 모기향을 피우면 그 향이 방안 전체로 퍼지는 현상도 확산의 좋은 예이다.

때에 따라서는 밀도와 유사한 용어로 농도를 사용할 때도 있다. 농도는 용액 따위의 진하고 묽은 정도를 뜻한다. 즉, 고밀도 용액은 농도가 진한 용액, 저밀도 용액은 농도가 묽은 용액이라고 표현할 수 있다. 그런데 특이하게도 농도가 낮은 저밀도 쪽에서 농도가 높은 고밀도 쪽으로 물이 이동할 때가 있는데 이것을 삼투

(Osmosis)라고 한다.

김장을 하기 위해서는 제일 먼저 배추를 소금물에 절인다. 배추에는 약간의 수분이 있지만 농도는 높지 않다. 그런데 소금물은 물에 소금이 녹아 있으므로 농도가 매우 높다. 소금물에 배추를 담가놓으면 배추에 있던 물이 삼투 현상에 의해 배추 밖으로 빠져나가면서 배추가 흐물흐물해진다.

이렇게 배추 속에 있는 물이 밖으로 빠져나가게 되면 배추 속 미생물의 번식이 멈춰서 김치를 오랫동안 썩지 않게 보관할 수 있다. 냉장고가 없던 시절 우리 선조들이 삼투 현상을 이용해 음식물을 오랫동안 보관했다는 것에 감탄이 절로 나온다.

김장을 할 때는 배추를 소금물에 절여 미생물의 번식을 막는다.

목욕탕이나 수영장에서 한참을 있다가 나오면 손이 쭈글쭈글해지는 걸 경험한 적이 있을 것이다. 목욕탕의 물은 맹물이라 농도가 낮다. 하지만 우리 몸은 세포질과 이온들이 녹아 있어 맹물보다 농도가 높다. 목욕탕 물에 몸을 오래 담그면 삼투 현상에 의해 농도가 낮은 목욕탕 물이 농도가 높은 우리 몸으로 들어오게 된다. 그러면 털이 없는 손바닥과 발바닥의 피부가 늘어나면서 쭈글쭈글해지는 것이다.

물속에 오래 있으면 삼투 현상으로 인해 손이 쭈글쭈글해진다.

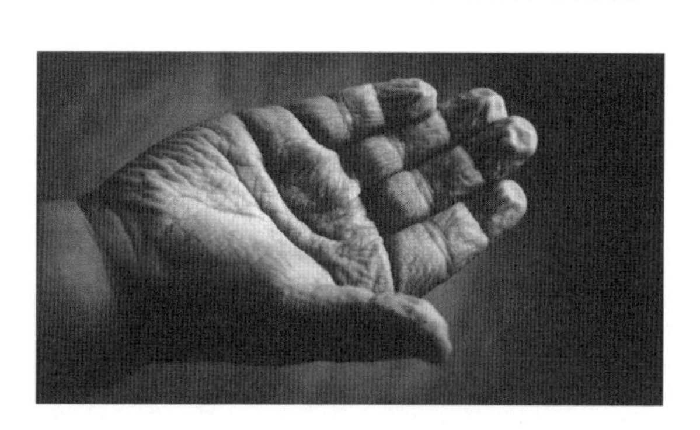

그런데 여기서 궁금증이 생긴다. 바닷물에 사는 많은 동물들도 삼투 현상으로 배추처럼 절여질까? 바다에 사는 대부분 물고기는 삼투 현상으로 몸속에 있는 물을 빼앗긴다. 물고기는 빼앗긴 물을 보충하기 위해 바닷물을 끊임없이 마셔야만 한다. 그리고 마신 바닷물은 장에서 물만 흡수하고 염분을 배출한다.

게, 홍합, 해파리, 상어, 가오리 같은 동물들은 바닷물의 농도와 자기 몸의 농도를 같게 만든다. 몸과 바닷물의 농도가 같으면 물이 이동하지 않기 때문에 생명을 유지할 수 있다. 민물에 사는 물고기는 삼투 현상으로 물이 계속 몸으로 들어온다. 따라서 물을 거의 마시지 않고 많은 양의 오줌으로 물을 배출하면서 몸의 농도를 조절한다. 연어는 강에서 태어나 바다로 가서 생활하다가 산란기가 되면 다시 강으로 돌아오는 특징이 있다. 따라서 강에서 생활할 때와 바다에서 생활할 때 삼투 현상에 대비하도록 본능적으로 진화해 왔다. 삼투 현상을 대비하는 물고기에게서 대자연의 위대함을 느낄 수 있다.

빙글빙글 도는 세상

회전은 어떤 것을 축으로 물체가 도는 것을 말한다. 지구는 자전축을 기준으로 회전하고, 방문도 회전축을 기준으로 돌면서 열리고 닫힌다. 시소처럼 회전축이 누워있는 것도 있다. 태양계의 행성 중 하나인 천왕성도 회전축이 누워 있다. 그래서 천왕성은 지구를 기준으로 보면 해가 북쪽에서 떠서 남쪽으로 진다.

어떤 물체를 회전시키기 위해서는 '토크'가 필요하다. 토크는 우리말로는 돌림힘이라고 하는데 힘이 아님에도 불구하고 돌림힘이라고 표현해서 오히려 혼란스럽다. 토크는 물체에 가한 힘으로 물체를 얼마나 잘 회전시키는지를 나타내는 물리량이다. 토크는 생활 속 여러 도구를 만드는 원리에 이용된다. 이번 시간에는 알고 보면 쓸모 있는 토크의 세계로 빠져보자.

"영수야, 잠깐 이리 좀 와봐라."

다급하게 부르는 어머니 소리에 영수는 한걸음에 달려갔다.

"무슨 일이에요?"

"글쎄, 이게 안 풀어진다."

어머니가 가리키고 있는 곳에는 꽉 조여진 너트Nut가 있었고, 어머니는 이것을 풀려고 하는데 잘 안되는 모양이었다. 너트는 무언가를 고정시킬 때 볼트Bolt와 함께 쓰는 작은 부품으로 스패너Spanner를 이용해 조이거나 풀 수 있다.

"음…. 그러면 좀 더 큰 스패너로 해 볼까요?"

영수는 큰 스패너를 가져다가 너트를 돌려보았다. 그랬더니 아주 쉽게 너트가 풀렸다. 엄마의 문제를 말끔히 해결해 준 영수는 마음 한구석에 찜찜함이 있었다.

"작은 스패너로는 안 되었는데 왜 큰 스패너로는 너트가 풀렸

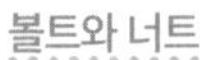

볼트와 너트

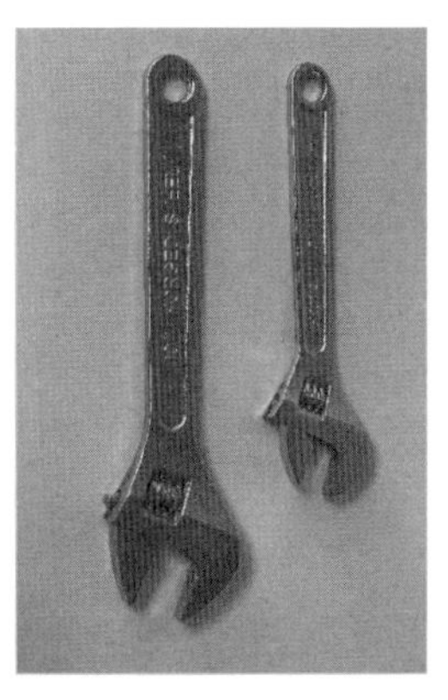

스패너

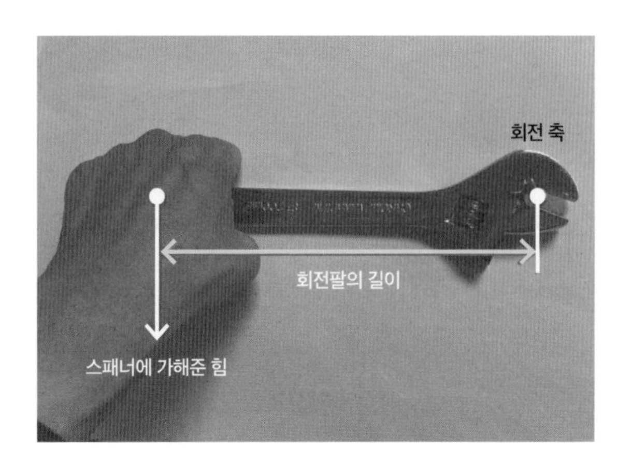

길이가 다른 스패너

을까? 나는 힘을 똑같이 준 것 같은데."

영수의 궁금증은 토크, 즉 돌림힘을 이용하면 금방 해결된다. 토크의 크기는 가해준 힘과 회전팔의 길이를 곱한 값이다. 힘의 크기는 같아도 길이가 긴 스패너를 쓰면 회전팔의 길이가 길어지기 때문에 토크가 커져서 너트를 쉽게 잠그거나 풀 수 있다.

일반 승용차의 핸들 지름은 37cm 정도이고, 8톤 대형 트럭은 49cm 정도이다. 대형 트럭의 핸들이 일반 승용차의 핸들보다 1.3배 가량 크다. 핸들이 크면 회전팔의 길이가 길어진다. 그래서 대형 트럭의 경우 작은 힘으로도 바퀴의 방향을 바꾸는 조향 장치를 쉽게 움직일 수 있다.

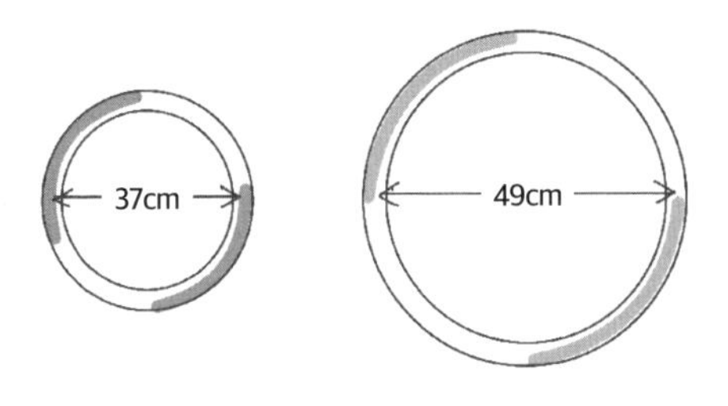

승용차의 핸들(왼쪽)과 대형 트럭의 핸들(오른쪽)

또 하나 알고 있어야 할 점은 토크는 회전 방향이 있다는 것이다. 스패너를 이용해 너트를 풀 때와 잠글 때 회전 방향은 반대이다. 회전을 하는 모든 것이 그렇다. 문이 열릴 때와 닫힐 때는 반대 방향으로 회전한다. 수도꼭지를 열 때와 잠글 때에도 반대 방향으로 회전한다.

이처럼 토크는 실생활에서 많은 곳에 사용되는 과학적 지식이다. 어렵다고 겁먹지 말고 생활 속에서 사용되는 예를 찾으며 익힌다면 훨씬 수월할 것이다.

토크의 평형

시소는 토크를 이해하기 가장 쉬운 도구 중 하나이다. 놀이터에 있는 시소는 넓고 긴 판과 받침대라는 매우 간단한 구조로 이루어져 있다. 시소의 양 끝에 앉아 있는 두 사람이 어느 쪽으로도 기울어지지 않고 균형을 잘 유지하고 있으면 이때 토크가 평형을 이루었다고 한다.

다음 페이지에 있는 그림처럼 시소 양쪽에 A와 B가 앉아 있다고 하자. A는 자신의 몸무게 F1만큼의 힘으로 시소를 누를 것이다. A가 받침대와 떨어진 거리를 a라고 하자. B도 몸무게 F2만큼의 힘으로 시소를 누를 것이다. B와 회전축까지의 거리를 b라고 해보자.

토크는 힘과 회전팔의 길이를 곱한 것이라고 했다. 따라서 A의 시소가 기울어지지 않을 때 토크가 평형을 이룬 것이다.

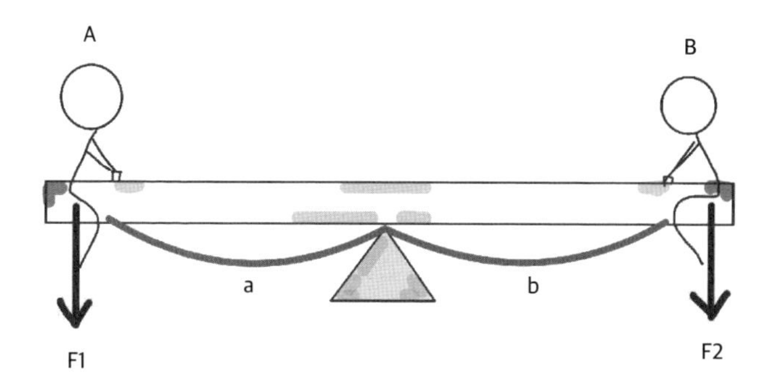

토크는 F1×a이고, B의 토크는 F2×b이다. 이 두 개의 토크가 크기는 같고, 방향이 반대이면 시소는 균형을 유지하게 되는 것이다. 과학에서는 이때 토크가 평형을 이루었다고 한다. 몸무게가 두 배 무거운 사람은 받침대 쪽으로 절반 거리로 당겨 앉아야 시소가 평형을 이룬다. 힘이 커진만큼 회전팔의 길이를 줄여 토크가 같아지기 때문이다.

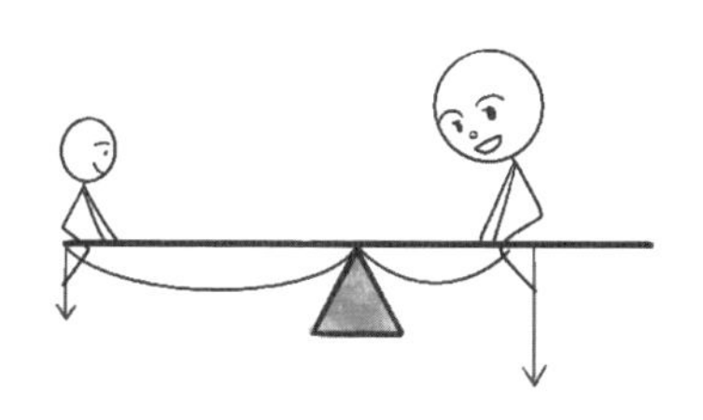

평형平衡의 형衡은 저울의 가로대를 말한다. 평형이라는 단어를 그대로 해석하자면, 저울의 가로대가 수평을 유지한다는 것이니 사물이 한쪽으로 기울어지지 않고 안정되어 있다는 의미이다. 따라서 평형은 균형, 안정, 수평이란 의미로 생각해도 좋다.

문 손잡이는 문이 회전하는 곳에서 멀리 떨어져 있다.

토크는 물체를 얼마나 잘 회전시키는지를 나타내는 양이다. 토크가 크면 회전을 잘하고, 토크가 작으면 회전을 잘 못하고, 심지어 토크가 0이면 아예 회전을 하지 못한다. 큰 힘은 토크를 크게 한다. 그런데 힘이 작더라도 토크를 크게 할 수 있다. 바로 힘이 가해지는 곳과 회전축까지의 거리를 크게 하면 된다. 대표적인 예가 문에 있는 손잡이다. 문의 손잡이는 회전축에서 최대한 먼 곳에 만든다. 작은 힘으로도 문을 쉽게 열게 하기 위해서다. 즉 토크를 크게 해서 문이 잘 회전하게 하는 것이다.

9 지레의 원리

지레는 시소와 마찬가지로 토크를 이용하는 대표적인 도구다. 지레는 받침대와 지렛대를 이용해 물체를 쉽게 들어 올릴 수 있는 도구이다. 들어 올리려는 물체 가까이에 받침대를 놓아두면 작은 힘을 가해도 물체를 쉽게 움직일 수 있는 장점이 있어 많은 곳에 이용하고 있다.

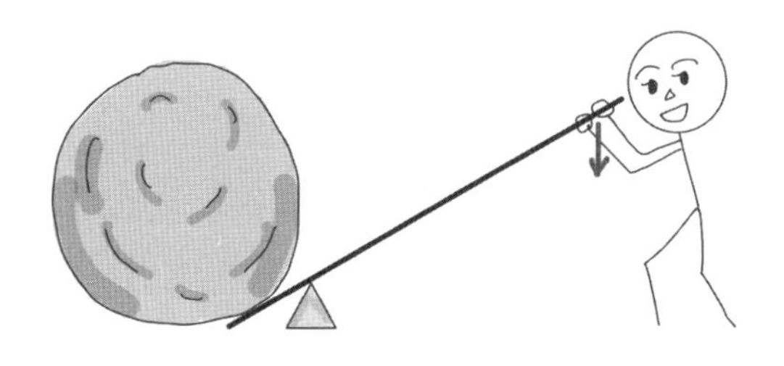

토크의 원리로 만든 양팔 저울을 이용하면 물체의 질량을 매우 정확하게 측정할 수 있다. 받침점으로부터 같은 거리에 두 접시를 두고 한쪽 접시에는 측정하고 싶은 대상을 올려놓고 다른 접시에는 이미 질량을 알고 있는 추를 올려놓는다. 지렛대가 수평을 이룰 때, 추의 질량과 측정하고자 하는 물체의 질량이 같다는 것을 알 수 있다. 양팔 저울은 간편하지만 무거운 물체의 질량 측정에는 적합하지 않다. 기준이 되는 추 자체의 질량이 작기 때문이다. 이런 단점을 보완한 대저울은 받침점이 측정하려는 무거운 물체 쪽으로 치우쳐 있고, 지렛대가 수평이 될 때까지 추를 움직여서 물체의 무게를 측정할 수 있다.

양팔저울

타워크레인은 대저울의 원리를 이용한다. 아파트 등 고층 건물을 지을 때 높은 곳까지 재료를 옮겨주는 역할을 하는 타워크레인은 작업자가 있는 곳을 받침대로 하여 한쪽 끝에는 무거운 추를 두고, 다른 끝에는 물건을 매달아 작업을 할 수 있게 한다.

피아노에도 지레가 이용된다. 피아노의 건반에는 액션이라고 하는 지레의 원리를 이용한 복합 구조물이 연결되어 있다. 액션은 피아노에서 매우 중요한 기능을 한다. 건반을 손으로 누르면 지레

타워크레인은 대저울의 원리를 이용한다.

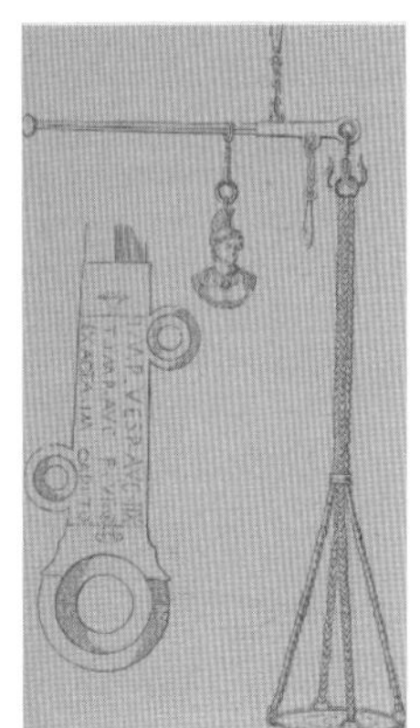

에 전달된 힘에 의해 해머가 팽팽한 줄을 때리게 되고 줄이 진동하면서 소리가 난다. 따라서 피아노는 엄밀한 의미에서 건반으로 연주하는 현악기인 것이다.

액션이 지렛대 역할을 하여 손가락으로 건반을 누른 힘보다 더 큰 힘으로 해머를 움직이게 한다. 피아노 건반에도 토크가 이용되는 것이다. 피아노에 활용되는 지레의 복합 구조물은 아주 민감하게 움직이기 때문에 이사를 하며 피아노를 옮기게 되면 액션이 흐트러져 다시 조율을 해야 한다.

피아노 건반에 들어간 지레의 원리

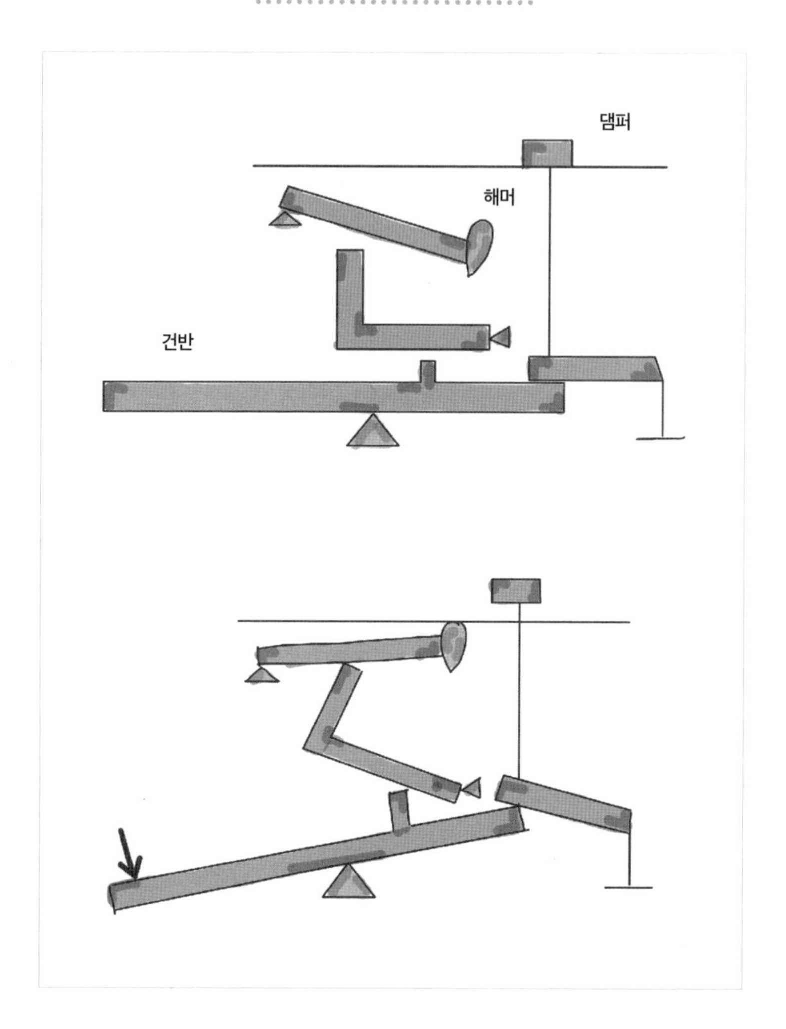

무게중심

평형은 물체의 안정성과도 연관이 있다. 일반적으로 물체는 무게중심이 낮을수록 안정적이다. 안정적인 물체의 대표적인 예시로 오뚝이를 떠올릴 수 있다. 오뚝이는 아무리 이리로 저리로 눕혀도, 잠시 흔들거리다 이내 중심을 잡고 똑바로 선다. 오뚝이는 무게중심을 바닥에 가깝게 둔 장난감이다. 오뚝이의 머리를 옆으로 잡아당겼다가 놓아도 아래쪽의 무게중심이 오뚝이를 제자리로 돌아올 수 있게 하는 복원력의 역할을 한다.

물 위에 떠 있는 배도 마찬가지이다. 파도가 치거나 바람이 불 때 배가 흔들리는데, 이때 배가 좌우로 흔들리는 현상을 롤링Rolling이라고 한다. 화물선의 경우 롤링으로 인해 선체가 흐트러지게 되면 화물이 손상되어 심각한 손해를 입을 수 있다.

배의 복원력

대형 선박의 경우에는 롤링으로 인한 피해를 줄이기 위해 배의 무게중심을 아래에 두는 안티롤링탱크Anti-rolling Tank를 설치한다. 커다란 U자 모양을 한 탱크를 배 안쪽에 설치하고 2/3 정도 물을 채운다. 배가 왼쪽으로 기울어지더라도 물탱크 속 물의 관성 때문에 U자관의 오른쪽에 물의 양이 더 많이 남게 된다. 그러면 물의 토크가 커져 원래 상태를 회복하려고 한다.

대형 선박이 아닌 대부분의 배는 롤링을 줄이기 위해 빌지 킬Bilge Keel이라는 철판을 배 옆에 붙여 둔다. Bilge는 배 밑바닥이란 뜻이고, Keel은 배의 앞쪽과 뒤쪽을 잇는 재료를 말한다. 즉 빌지 킬은 배 아래쪽 측면에 붙인 기다랗고 얇은 판을 말한다. 이는 배가 롤링할 때 물과 부딪혀 롤링에 저항하는 역할을 한다. 양동이에 물을 가득 담고 갈 때 그 위에 작은 바가지를 하나 올려놓으면 출렁이는 물과 바가지가 부딪혀 저항이 생기면서 물이 넘치지 않는 것과 같은 원리이다.

11

각운동량 보존 법칙

손을 놓아도 자전거는 쓰러지지 않는다.

멈춰있는 자전거에 앉은 채 땅에 닿아 있는 두 발을 떼면 자전거는 넘어진다. 하지만 굴러가고 있는 자전거에서는 핸들을 잡고 있던 손을 놓고 페달에서 발을 떼도 자전거가 쓰러지지 않는다. 이러한 현상을 각운동량 보존 법칙이라고 한다. 각운동량 보존 법칙은 회전 운동하고 있는 물체에 토크가 작용하지 않으면 회전 운동을 그대로 유지하려는 성질이다.

각운동량은 회전 속도와 회전 관성의 곱으로 구할 수 있다. 여기서 회전 관성이 조금 어려우니 회전 관성에 대해 먼저 알아보고 가자.

회전 관성은 회전하는 물체의 운동 습관을 말한다. 회전 관성이 클수록 변화를 싫어해서 정지해 있는 물체는 회전하지 않으려 하고, 반대로 이미 회전하고 있는 물체는 계속해서 돌려고 한다. 액체는 회전 관성이 큰 대표적 예이다. 앞서 설명했듯, 우리 귀에 있는 반고리관에는 림프액이 들어 있는데 우리 몸이 빙글빙글 돌다가 갑자기 멈춰도 회전 관성이 큰 림프액은 여전히 돌려고 한다. 몸은 멈췄지만 계속 어지러운 이유는 반고리관 속의 림프액이 여전히 돌고 있기 때문이다.

또 회전 관성은 회전축으로부터 멀리 있을수록 커진다. 질량이 같은 두 팽이가 하나는 기다랗고 홀쭉한 팽이고, 또 다른 하나는 길이는 작지만 옆으로 널찍하다고 하자. 기다랗고 홀쭉한 팽이보다 길이는 작지만 넓직한 팽이가 회전 관성이 커서 더 오래 돌 수 있다.

이제 다시 각운동량으로 돌아가서 회전 속도와 회전 관성의 관계를 생각해 보자. 피겨 스케이팅 선수는 고득점을 얻기 위해 트리플 악셀 점프를 한다. 트리플 악셀은 높이 점프하면서 3바퀴 반을

팔을 몸에 붙이면 회전 속도가 빨라진다.

돌아 공중에서 무려 1260° 를 회전하는 기술이다. 이 기술을 성공하기 위해서는 아주 빠르게 회전해야 한다. 어떻게 하면 회전 속도를 빠르게 할 수 있을까?

일단 점프를 해서 공중에 날아오르면 더 이상 어떤 토크도 받을 수 없다. 따라서 공중에 떠 있는 동안에는 각운동량이 일정하다. 각운동량은 회전 속도와 회전 관성의 곱이므로 회전 관성을 줄여 회전 속도를 크게 할 수 있다. 팔을 몸에 붙여 회전축과의 거리를 줄이면 회전 관성이 작아지게 되고, 이렇게 하면 회전 속도는 빨라져서 트리플 악셀을 성공시킬 수 있다.

반대로 착지하기 직전에 피겨 스케이팅 선수는 양팔을 넓게 팔을 벌려 회전축과의 거리를 벌린다. 회전 관성을 크게 만들어 회전 속도를 줄이면 넘어지지 않고 안전하게 착지할 수 있다.

지구는 자전축을 중심으로 하루에 한 바퀴씩 회전한다. 지구 반지름이 6400km이니까 지구 둘레 길이는 약 4만 km이다. 따라서 지구의 자전 속도는 4만 km를 하루 24시간으로 나눠서 구할 수 있으므로 대략 1667km/h 정도이다. 자동차를 탈 때 시속 100km만 넘어도 상당한 속도감이 느껴지는데 지구 자전 속도는 무려 이것의 16배 이상이라니 이것이 믿겨지지 않는다. 자전거나 팽이가 돌 때는 쓰러지지 않고 계속 돌고 있는 것처럼 지구가 어떤 토크의 도움 없이 계속해서 돌고 있는 것도 각운동량 보존 법칙으로 설명할 수 있다.

따끈따끈한 열과 온도의 세계

예전부터 사람들은 열도 하나의 물질이라고 생각했다. 열이 에너지라는 사실이 받아들여진 것은 얼마 되지 않았다.

최근에 전기 자동차가 인기를 얻고는 있지만 화석연료를 태우는 엔진을 사용하는 자동차가 여전히 대세이다. 열기관의 발명은 인류 문명을 획기적으로 발전시켰고, 많은 열역학 분야 전공자들에 의해 효율이 높은 엔진이 개발되었다. 하지만 여전히 넘어야 할 과제는 쌓여 있고, 많은 과학자들이 고효율의 에너지원을 개발하기 위해 총력을 기울이고 있다.

이번 시간에는 열과 온도에 대해 자세히 알아보고, 효율 좋은 엔진을 개발하기 위한 여러 학자들의 노력에 대해서도 살펴보도록 하자.

영단어 Hot은 '뜨겁다', '맵다'라는 뜻을 가지고 있다. 매우면 입에서 열이 나니까 매운 것과 뜨거운 것을 같은 단어로 표현했을 것이다. 멋진 아이디어다. 예전부터 사람들은 매운 음식에는 맵고 얼얼하게 만드는 어떤 물질이 있고 그것을 먹으면 매운 맛을 느낀다고 생각했다.

마찬가지로 모든 물체에는 열을 내고, 물체를 뜨겁게 만드는 물질이 있을 것이라 생각했다. 옛날 사람들은 이 물질을 열소 Caloric라고 이름 붙였다. 따뜻한 물체와 차가운 물체가 접촉하면 열소가 따뜻한 물체에서 찬 물체로 이동하여 나중에는 온도가 같아진다고 생각했다.

미국인이지만 영국으로부터 귀족 작위를 받은 벤자민 톰프슨은 대포 포신을 깎을 때 발생하는 엄청난 양의 열이 열소 이론으로는 설명할 수 없다고 했다. 이 내용을 담은 논문이 1798년에 발표되면서 점점 열소설을 부정하는 사람들이 나타나기 시작했다. 하지만 이전부터 확고하게 믿고 있던 열소설을 주장하는 측도 만만치 않아 벤자민의 이론은 금방 시들고 말았다.

그 지루한 싸움은 영국의 제임스 줄에 의해 종지부를 찍게 된다. 줄은 부모님으로부터 물려받은 양조장에서 술을 발효하기 위한 온도와 습도, 효모의 양 등을 정확히 측정하는 기술을 익혔다. 그는 이 기술로 일과 열의 관계를 찾는 실험을 한다. 일명 줄의 실험이라고 불리는 이 실험에서 줄은 20kg짜리 추 두 개가 1.6m를 20번 낙하하면서 추에 묶여 있던 줄이 풀린다. 그리고 추에 풀린

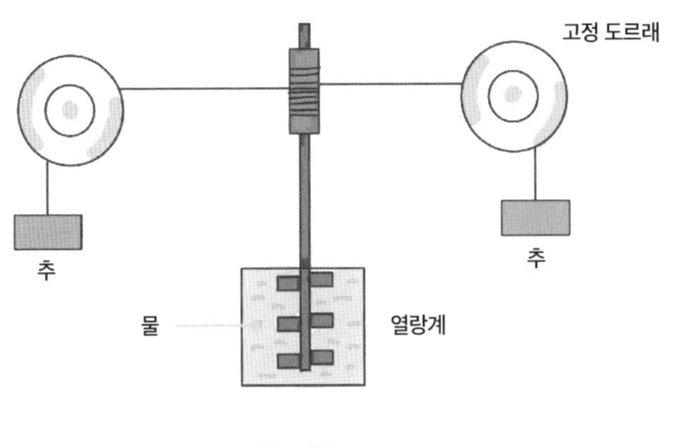

줄의 실험

줄은 물통 속에 있는 바람개비 8개를 돌리고 이것이 물을 휘저어 올라간 온도를 정확히 측정하였다.

줄은 실험을 통해 열소가 아닌 물체에 작용한 역학적 에너지의 변화가 열로 전환된 것이라는 사실을 밝혀냈다. 즉, 추가 낙하하면서 감소한 위치 에너지가 그대로 열에너지로 전환되었다는 것이다. 줄의 실험으로 열도 에너지의 한 종류인 것이 밝혀졌다. 그리고 다양한 형태로 열에너지를 측정하는 방법의 연구가 활발하게 일어났다.

열의 단위는 J(줄)과 cal(칼로리)를 사용하며 1cal는 약 4.2J에 해당한다. 식품영양학에서 음식에 사용하는 칼로리는 Cal로 첫 문자를 대문자로 써서 물리학에서의 cal와 구별해 쓴다.

온도의 종류

물체가 얼마나 차고, 더운지를 숫자로 나타낸 것을 온도라고 한다. 온도에는 섭씨 온도, 화씨 온도, 그리고 절대 온도가 있다. 각각 어떻게 다른지 알아보자.

섭씨 온도는 우리나라에서 사용하는 온도여서 매우 친숙하다. 섭씨 온도는 1기압의 순수한 물의 어는점을 0으로 잡고, 끓는점을 100으로 하여 그 사이를 100등분한 온도 체계이다. 처음에는 어는점을 100, 끓는점을 0으로 정했다. 하지만 당시 스웨덴 학술원 원장인 칼 폰 린네가 끓는점이 숫자가 작은 것을 이상하게 여겨 오늘날처럼 바꾸었다. 처음 이 온도 체계에 대한 아이디어를 낸 사람은 스웨덴의 안데르스 셀시우스다. 이 셀시우스의 이름에서 C를 따서 섭씨 온도의 단위는 ℃로 쓴다. 셀시우스의 이름은 중국에서 한자로 섭이사攝爾思라고 번역되었다. 그래서 한자 문화권에서는 '섭씨 성을 가진 사람이 고안한 온도'라는 뜻으로 섭씨 온도라고 부른다.

화씨 온도는 주로 미국에서 사용하는 단위로 1기압의 순수한 물이 어는점을 32, 끓는점을 212로 하고 그 사이를 180등분해서 쓰는 단위이다. 독일의 가브리엘 파렌하이트가 고안한 방식이어서 단위를 °F라고 쓴다. 그리고 이 사람의 이름은 한자로 화륜해華倫海라고 썼기 때문에 우리나라에서는 화씨 온도라고 부른다.

섭씨 온도를 사용하는 우리나라에서는 화씨 온도를 보면 감이 잘 오지 않는다. 예를 들어 섭씨 온도로 20℃는 화씨 온도로는 68°F에 해당한다. 화씨 온도는 미국에서 사용하는 온도 체계이며 아시아에서는 미얀마가 유일하게 화씨 온도를 사용한다.

절대 온도는 주로 과학에서 쓰는 온도이다. 영국의 물리학자 켈빈 경이 고안한 것으로 섭씨, 화씨 온도와 다르게 물질이 가지고 있는 에너지를 온도로 표현한 것이다. 물체의 열운동이 멈춘 상태를 가장 낮은 온도인 0K로 기준을 잡는다. 이때, 0K는 '영(0) 켈빈'이라고 읽는다.

0℃ 얼음은 차갑지만 얼음의 분자들은 여전히 에너지를 가지고 움직이고 있다. 온도가 점점 낮아지면 분자들의 움직임이 느려지다가 0K이 되면 모든 분자 운동을 멈추게 된다. 이때 섭씨 온도

스틱형 불꽃놀이는 불꽃의 분자 개수가 적기 때문에 화상을 입지 않는다.

로는 약 −273℃이다.

스틱형 불꽃놀이를 할 때 생기는 불꽃의 온도는 약 2000℃ 가량으로 굉장히 높다. 그럼에도 불구하고 불꽃이 손에 튀어도 화상을 입지 않는다. 왜냐하면 불꽃놀이에서 튀는 불꽃의 분자 개수가 적기 때문이다.

같은 원리로 온도가 60℃라고 표시되어 있는 사우나에 들어가 있어도 화상을 입지 않는다. 사우나실 안에 뜨거운 물 분자 개수가 적기 때문이다. 하지만 같은 60℃라도 물이라면 얘기가 달라질 것이다.

이처럼 온도와 열에너지는 잘 구별해야 한다. 열은 물체의 온도나 상태를 변화시키는 에너지의 한 종류이다.

제가 온도를
고안했다면
장씨 온도였겠죠?

열용량

뜨거운 물과 찬 물을 섞으면 미지근한 물이 된다. 그 이유는 뜨거운 물의 에너지가 찬 물 쪽으로 이동하기 때문이다. 열에너지는 항상 고온의 물체에서 저온의 물체로만 이동한다. 에너지 흐름의 방향성 때문이다. 이와 같이 에너지 흐름의 방향성을 연구하는 학문 분야가 열역학이다. 열역학에 자주 등장하는 몇 가지 용어와 개념들을 함께 살펴 보도록 하자.

사람의 개성이 서로 다르듯이 물질도 저마다 개성이 있다. 특히 물질이 가지고 있는 열적 개성을 열용량이라고 한다. 열용량은 어떤 물질의 온도를 1℃ 높이는데 필요한 열에너지의 양이다. 즉, 열용량이 큰 물체는 온도 변화가 작다.

모래의 열용량은 물보다 작다.

호떡에 들어가는 설탕은 밀가루 반죽보다 열용량이 작다. 호떡을 잡은 손은 그렇게 뜨겁지 않은데 설탕을 먹다가 입을 덴 적이 있을 것이다. 같은 열을 받았어도 열용량이 작은 설탕이 더 뜨거워졌기 때문이다.

뜨거운 햇볕이 내리쬐는 여름날 백사장의 모래는 맨발로 서있기 힘들 정도로 뜨거운데, 정작 바닷물은 시원하다. 모래의 열용량이 바닷물보다 작아서 같은 햇볕을 받았어도 모래의 온도가 훨씬 높이 올라갔기 때문이다.

우리나라에서는 열용량이 큰 물을 활용한 보일러 난방 방식을 사용한다. 물은 열용량이 커서 온도를 올리는 것도 시간이 걸리지만, 온도가 내려가는 것도 오래 걸린다. 난방용으로는 제격인 물질인 셈이다.

15

엔트로피

어항에 잉크 방울을 떨어뜨리면 잉크가 물속으로 확산된다. 방 안에서 모기향을 피우면 모기향의 연기가 금방 방 안 전체로 퍼져나간다. 그런데 한 번 퍼진 잉크는 절대로 원래로 돌아올 수 없고 한 번 퍼진 모기향도 절대 원래 상태로 돌아올 수 없다. 이러한 것을 비가역 과정이라고 한다. 원래 상태로 돌아갈 수 없는 과정이라는 의미이다.

중간에 칸막이가 있는 상자를 떠올려보자. 상자의 한쪽에는 흰 구슬 50개를 두고, 다른 한쪽에는 빨간 구슬 50개를 놓고 칸막이를 치운다. 이 상태에서 상자를 좌우로 흔들면 흰 구슬과 빨간 구슬이 섞이기 시작할 것이다. 그런데 상자를 흔들면 흔들수록 두 구슬이 더 섞이면 섞였지, 맨 처음의 상태로 나뉘는 경우는 없을 것이다. 이렇게 상자를 흔들면 흔들수록 색깔이 다른 두 구슬이 섞이는 것을 '무질서한 정도가 커진다'라고 한다.

잉크 방울이 물에서 퍼져나가는 것도 무질서 해지는 것이고, 모기향이 방안으로 퍼져나가는 것도 무질서 해지는 것이다. 이러한 무질서한 정도를 과학에서는 엔트로피Entropy라고 부른다. 자연계의 모든 현상들은 엔트로피가 증가하는 방향으로 에너지가 이동한다.

물속에 퍼진 잉크는 다시 원래대로 돌아올 수 없다.

태초에 빅뱅이 일어나기 전의 상태에서 빅뱅이 일어난 이후 현재까지 엔트로피는 증가했다. 우주 전체로 볼 때, 무질서함이 계속 증가하는 방향으로 에너지가 이동하고 있다는 의미이다. 이러한 이론을 열역학 제2법칙이라고 한다.

열역학 제2법칙은 자연계에서의 에너지 흐름을 규정하는 법칙이다. 에너지는 무질서한 방향으로 진행하며, 엔트로피가 증가하는 방향으로 진행한다. 이 엔트로피를 확률로 정리한 사람이 오스트리아 물리학자 루드비히 볼츠만이다. 잉크 방울은 어항에 있는 물속에서 퍼질 확률이 크기 때문에 퍼지는 것이고, 퍼진 잉크가 다시 원래 모양으로 돌아올 확률이 너무나도 작기 때문에 원래 모양으로 되지 않는다.

1800년대 후반까지 과학자들은 뉴턴의 역학, 전자기학, 그리고 열역학이라는 세 기둥을 만들었다. 그리고 그것이 신과 인간을 연결해주는 고리라고 믿었다. 신이 만든 세상을 인간이 샅샅이 다 알아냈다고 믿고 있었다. 눈에 보이지 않는 공기에서부터 밤하늘에 떠 있는 무수한 별들까지 모두 인간의 손아귀에 있는 듯 했다. 하지만 1900년대 초 전자의 존재를 발견하면서부터 현재에 이르기까지 신이 인간에게 내준 질문에 답을 하지 못하고 있다. 빅뱅이 시작되고 오늘날까지 우주는 끝없이 팽창하고 있다. 전자, 양성자, 중성자와 같은 수많은 작은 입자들의 특성과 행동은 아직도 우리에게 수수께끼로 남아있다.

3장

길 위의 과학

눈에 보이지 않는 에너지, 전자기파

현대 과학의 도약점, 반도체

선명한 화면을 만드는 빛, LED

블루투스의 시작

학교 수업을 마친 동민이는 스마트폰에 무선 이어폰을 블루투스로 연결해 음악을 들으며 집에 왔다. 집에 도착한 동민이는 와이파이를 이용해 노트북으로 인터넷 강의를 들으며 공부를 했다. 요즘 학생들의 일반적인 생활 모습은 동민이와 별반 다르지 않을 것이다. 블루투스로 연결된 기기들을 사용하고, 와이파이로 다양한 정보를 검색하거나 도움을 받는다. 따로 선을 연결하지 않아도 돼서 편리하게 사용할 수 있는 블루투스와 와이파이는 같은 도구로 작동한다. 바로 '전자기파'다. 이번 시간에는 우리 생활 속 많은 곳에 사용하고 있는 전자기파에 대해 알아보자.

10세기 경, 하랄 블로탄이라는 덴마크의 왕이 있었다. 그는 전쟁

룬 문자

없이 협상만으로 스칸디나비아 일대를 통일한 바이킹 영웅으로 북유럽 사람들에게 역사적으로 의미 있는 인물이다. 덴마크어 '블로탄Blåtand'은 영어로는 '블루투스Bluetooth'라고 한다. 영어 이름에서 눈치를 챈 사람도 있겠지만 블로탄 왕은 이가 파란색이어서 '파란 이'라는 뜻의 별명이 생겼다. 사람의 이가 파란색이라는 게 믿기지 않겠지만 치아 신경이 죽게 되면 혈액 순환이 되지 않아 색깔이 멍이 든 것처럼 푸른색을 띠기도 한다. 블로탄 왕은 아마도 전쟁 중에 이를 다쳐 신경이 손상을 입었던 것 같다.

1996년 스웨덴의 핸드폰 제조사인 '에릭슨'이 무선 통신 기술 연구를 시작했다. 연구에는 핀란드의 노키아와 미국의 인텔이 함께 참여했다. 인텔의 시스템 엔지니어 짐 카다크는 북유럽의 역

블루투스 로고는 H와 B에 해당하는 룬 문자를 결합해서 만들었다.

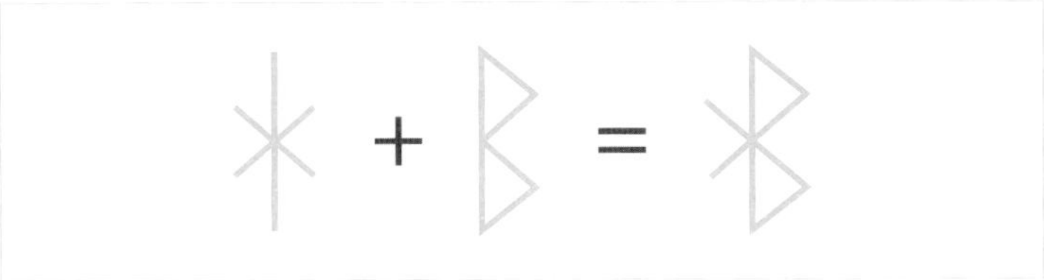

사적 인물인 블로탄 왕을 이 기술의 이름에 사용하자고 제안하였다. 훗날 그는 전자회로 설계회사인 SnapEDA와의 인터뷰[⊙]에서 이런 제안을 한 이유를 밝혔다. 그는 스칸디나비아 지역의 사람들과 함께 일을 하면서 그들을 이해하기 위해 바이킹에 대한 책을 읽었다고 한다. 책에서 블로탄 왕을 알게 되었고 그 이름을 사용하면 좋을 것 같다는 영감을 얻었다고 말했다. 블로탄 왕이 스칸디나비아 왕국을 통일한 것처럼 서로 다른 통신 장치들을 블루투스라는 하나의 무선 통신 규격으로 통일하겠다는 원대한 뜻을 담은 것이다.

블루투스의 로고도 스칸디나비아의 문화와 관련이 깊다. 스칸디나비아 룬 문자는 오늘날 북유럽 국가에서 사용하는 언어의 조상 격인데, 하랄의 H와 블로탄의 B에 해당하는 룬 문자를 결합해서 만든 것이 현재 블루투스 로고이다.

⊙ The SnapEDA, "How Bluetooth got its name, an interview with Jim Kardach", SnapEDA, Od 7,2019, https://blog.snapeda.com/2019/10/07/how-bluetooth-got-its-name-an-interview-with-jim-kardach/

와이파이

데스크톱 컴퓨터만 있던 시절에는 랜LAN 선을 컴퓨터에 꽂아야 인터넷을 할 수 있었다. 즉 컴퓨터를 유선으로 네트워크에 연결해야 인터넷을 사용할 수 있었던 것이다.

그러다가 스마트폰의 전신前身인 PDA 단말기나 노트북처럼 휴대하기 간편한 기기들이 출시되면서 무선 네트워크가 탄생했다. 하지만 제조사들이 자기 회사 제품에 맞는 무선 네트워크를 제각각 만들다 보니 비용도 많이 들고, 호환성도 좋지 못했다. 이러한 혼란을 해결하고자 미국 뉴저지주에 본사를 둔 IEEE(전기 전자 기술자 협회)에서 무선 네트워크의 표준을 만들었다. IEEE가 교통정리를 한 셈이다. 참고로 IEEE는 '아이I 트리플 이E'라고 읽는다.

IEEE는 1980년 2월에 유선 랜의 표준화를 위해 '802 위원회'를 설립했다. 80년 2월에 만들었다고 해서 802 위원회라고 이름을 붙였다고 하니, 아주 심플한 사람들이다. 802 위원회는 필요에 따라 여러 작업 그룹을 만들었는데, 그 그룹들의 이름도 순서대로 숫자를 붙여 간단하게 지었다.

과거에는 인터넷을 사용하려면 랜선을 연결해야만 했다.

802 위원회에서 결정된 내용은 미국표준협회를 통해 스위스 제네바에 있는 국제표준화기구에 제출되었다. 그리고 제출된 내용은 심의를 거쳐 국제표준으로 채택되었다. 우리가 현재 사용하고 있는 무선 통신 표준 기술은 'IEEE 802.11'이다. 이 이름을 풀어보면 IEEE 802 위원회의 11그룹이 만들었다는 뜻이다.

1999년에는 애플, 마이크로소프트, 퀄컴 등 여러 회사들이 이 표준 기술을 테스트하기 위해 WECA[⊙]라는 협회를 만들었다. 이때 '와이파이'라는 용어가 처음 등장하게 된다. WECA는 2002년에는 협회의 이름을 Wi-Fi 얼라이언스Alliance로 바꾸었다. 얼라이언스는 우리말로 '동맹'이란 뜻이니 회사끼리 서로 동맹을 맺어 와이파이 기술을 개선하기 위해 노력하자는 의미일 것이다.

⊙ WECA(무선 랜 호환성 연합 단체, Wireless Ethernet Compatibility Alliance)

와이파이의 이름은 특이하게도 음향 기술에서 유래했다. 오디오 장치에서 나오는 소리의 품질을 높여 원래의 음 그대로 재생하는 음향 기술을 Hi-Fi(하이 파이)라고 한다. 와이파이는 이 Hi-Fi에 '무선'을 뜻하는 영단어 Wireless를 붙여 'Wi-Fi'가 되었다. 하이파이 기술과 특별한 관계가 있는 것은 아니고 그냥 이름만 그렇게 붙였다고 한다.[◉]

블루투스와 와이파이는 근거리 무선 통신이라는 점이 유사하다. 블루투스와 초창기 와이파이는 둘다 2.4GHz(기가 헤르츠) 주

사물인터넷은 모든 사물을 인터넷으로 연결해 정보를 주고받는 것이다.

◉ Caroline Bologna, "Here's Why It's Called 'Wi-Fi'", HUFFPOST, Apr 15,2019, https://www.huffpost.com/entry/why-called-wi-fi_l_5cace3f7e4b01bf960065841

파수를 사용했다는 점도 공통점이다.

블루투스가 유럽 국가들을 중심으로 개발되기 시작했다면 와이파이는 미국을 중심으로 개발된 무선 통신 방식이다. 지금은 전 세계적인 국가들의 참여로 유럽과 미국의 경쟁이라고 말할 수는 없지만 무선 통신의 표준을 위해 블루투스와 와이파이는 지금도 경쟁적으로 연구에 박차를 가하고 있다.

블루투스는 와이파이보다 전송 거리가 짧고 전송 속도도 느리지만, 전력 소모가 적고 많은 기기를 안정적으로 연결할 수 있다는 장점이 있다. 최근 주목받고 있는 사물인터넷IoT, Internet of Things은 블루투스 기술을 적용한 것이다. IoT는 네트워크가 연결된 환경에서 인간들이 개입하지 않아도 사물들이 실시간으로 데이터를 주고 받는 기술이다. 집 안과 밖에서 가전 제품을 원격으로 제어하는 기술이 도입된 지는 오래 전이고, 말 한마디로 집안의 조명, 에어컨, 자동 커튼 등을 작동하게 하는데도 블루투스를 사용하고 있다. 블루투스는 10m 이내에서 네트워크를 연결하는 Wireless PANWPAN 기술을 이용해 안정적으로 IoT를 작동한다. 향후 능동적 AI 인공지능 기술의 발전과 더불어 이를 로봇 기술에 연결한 미래형 IoT 시장이 펼쳐질 것으로 기대하고 있다.

와이파이는 무선으로 인터넷을 할 수 있다는 최대의 장점이 있다. 하지만 공유기를 설치해야 한다는 것과 하나의 공유기에 접속한 사용자가 많아질수록 반응 속도가 느려진다는 단점이 있다.

전자기파의 종류

블루투스와 와이파이는 모두 라디오파를 사용한다. 이름 때문에 라디오를 들을 때만 사용하는 것이라고 생각하기 쉽지만, 사실 우리 생활 곳곳에 사용되고 있다. 라디오파는 전자기파의 한 종류로 라디오와 더불어 TV, 내비게이션, 레이더, 블루투스, 와이파이 등에 사용한다.

전자기파는 전기장과 자기장이 함께 진행하는 파동이다. 이러한 전자기파는 여러 종류로 나뉘는데 감마선γ-ray, 엑스선X-ray, 자외선, 가시광선, 적외선, 마이크로파, 라디오파가 있다.

감마선은 에너지가 가장 큰 전자기파로 암 환자의 방사능 치료에 이용한다. 방사선의 한 종류인 감마선은 원자핵을 발견한 뉴

감마선과 엑스선은 의료분야에 많이 사용된다.

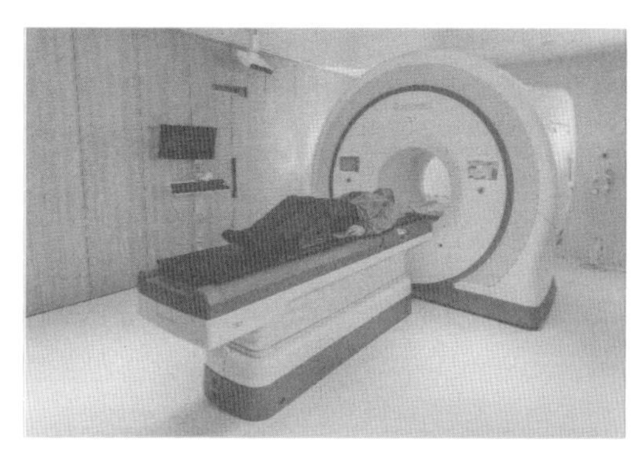

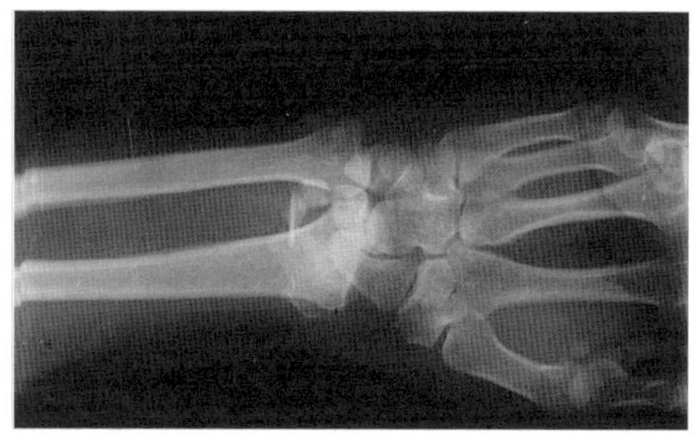

질랜드의 어니스트 러더퍼드가 이름을 붙였다. 엑스선은 감마선 다음으로 에너지가 커서 뼈를 제외한 나머지 신체 부위를 통과할 수 있다. 이러한 엑스선의 특징을 이용해 병을 진단한다. 1896년 독일의 빌헬름 뢴트겐이 엑스선의 존재를 처음 발견하였고, 그 공로로 제1회 노벨물리학상 수상자가 됐다.

자외선은 살균이나 소독을 할 때 사용하고 위조지폐를 감별하는 데도 이용한다. 적외선은 열이 나는 물체에서 방출되는 전자기파여서 열선이라고도 부른다. 우리 몸은 적외선을 끊임없이 방출하고 있어서 적외선을 감지하는 카메라를 이용하면 체온을 측정할 수 있다. TV 리모컨에도 적외선을 사용한다. 리모컨을 누르면 적외선이 방출되고 TV의 센서가 이를 감지하여 다양한 동작을 수행한다. 마이크로파는 대표적으로 전자레인지에 사용된다. 전자레인지의 원리는 뒤에서 더 자세히 알아보자.

이처럼 우리의 일상에서 전자기파는 뗄 수 없는 존재다. 우리의 삶을 편하게 만들어주는 전자기파는 어떻게 만들어지는 것일까? 전자기파가 만들어지는 원리는 매우 어렵고 복잡하다. 이를 이해하기 위해서는 먼저 '전자'가 무엇인지 알아두어야 한다.

리모컨은 적외선을 이용하고 전자레인지는 마이크로파를 이용한다.

4 전자란 무엇일까?

모든 물질은 아주 작은 입자인 원자Atom로 구성되어 있다. 원자는 다시 플러스(+) 전기를 띠는 원자핵과 마이너스(-) 전기를 가진 전자로 나뉜다.

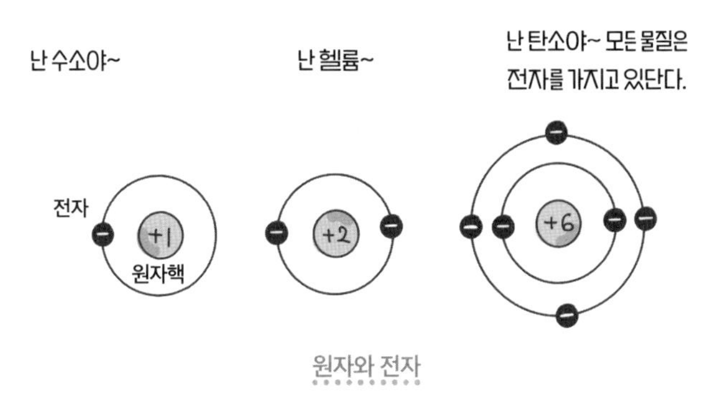

원자와 전자

전자는 영어로 Electron이라고 쓰는데, 전자를 발견한 공로로 노벨 물리학상을 받은 영국 과학자 조지프 톰슨이 붙인 이름이다. '기본적인'이란 의미를 가진 'Ele-'에 입자를 나타내는 '-on'을 결합하여, '모든 물질에는 전자가 기본적으로 들어있다'라는 뜻으로 Electron이라고 이름 지었다.

눈에 보이지 않는 매우 작은 입자인 전자로 인해 여러 가지 특이한 현상이 생긴다. 작게는 정전기가 일어나는 모습을 관찰할 수 있고, 크게는 하늘에서 번개가 내리치는 것을 볼 수 있다. 블루투스나 와이파이도 전자에 의해 만들어진다.

양(+) 전기를 띠는 원자핵과 음(-) 전기를 띠고 있는 전자 주위에는 전기장Electric Field이 형성된다. 촛불 주위로 빛이 퍼지는 것처럼 전기를 띤 물체 주변에는 우리 눈에 보이지 않는 전기장이 만들어진다.

전기장은 촛불 주변에 퍼지는 빛처럼 전기를 띤 물체 주변에 생긴다.

철가루를 이용하여 자기장을 쉽게 확인할 수 있다.

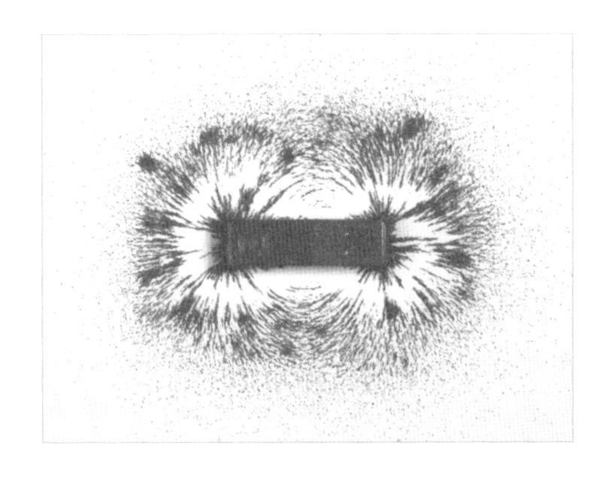

전자가 진동하게 되면 그 주변에 전기장의 변화가 생긴다. 원자핵은 전자에 비해 상대적으로 훨씬 무거워서 움직이지 못한다. 그래서 모든 전기적 현상은 전자에 의해 일어난다.

촛불 주위로 빛이 퍼지는 것처럼 전자가 진동하면 우리 눈에는 보이지 않는 전기장이 공간을 따라 퍼져 나간다. 바람이 살짝 불면 촛불이 흔들리면서 촛불 주변의 빛도 흔들린다. 마찬가지로 전자가 움직이면 전자 주위의 전기장도 함께 움직인다. 이렇게 전기장이 움직이면서 변할 때, 동시에 자기장Magnetic Field이 생긴다. 자기장은 자석 주위에 생기는 자기의 힘이 작용하는 공간이다. 우리 눈에 보이지는 않지만 철가루 등을 이용하면 자석 주위에 자기장이 있다는 것을 쉽게 확인할 수 있다.

전자의 진동에서 자기장이 만들어진다는 것으로 한 가지 사실을 알 수 있다. 바로 전기와 자기가 서로 밀접한 관계를 가지고 있다는 것이다. 변하는 전기장은 변하는 자기장을 만들고, 변하는 자기장은 또다시 변하는 전기장을 만든다. 이렇게 전기장과 자기장이 변화를 반복하며 공간을 따라 파동의 형태로 퍼져나가는 것을 전자기파라고 한다. 그래서 전자기파의 영어 표현은 전기를 뜻하는 'Electro'와 자기를 뜻하는 'Magnetic'이 합성된 Electromagnetic waves다.

아래 그림은 전기장(E)과 자기장(B)이 서로 진동하면서 공간으로 퍼져나가는 전자기파의 진행을 보여주고 있다.

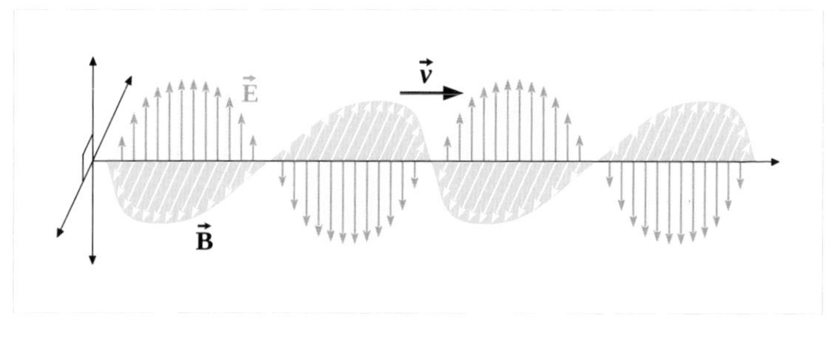

전자기파의 진행

이러한 전자기파의 성질을 이해하면 전자레인지의 원리를 알 수 있다. 전자레인지를 작동시키면 진동하는 마이크로파가 발생한다. 이때 음식물에 들어 있는 물 분자도 마이크로파와 함께 진동하게 되고 이 진동에 의해 열이 발생하면서 음식이 데워진다.

맥스웰 방정식

과학의 한 분야인 물리학은 또 다시 다양한 분야로 나뉜다. 그 중 하나인 전자기학은 전기장과 자기장에 대해 연구하는 학문이다. 전자기학의 아버지라 불리는 영국 과학자 제임스 맥스웰은 1873년 수학을 이용해 전기와 자기의 관계를 정리한 '맥스웰 방정식'을 완성하였다. 총 4개로 구성된 이 방정식은 전기학과 자기학의 모든 현상을 딱 네 개의 식으로 완벽하게 정리했다. 아인슈타인은 뉴턴 이후의 물리학에서 맥스웰 방정식이 가장 중요한 발견이라고 말하기도 할 정도였다.

맥스웰 방정식에는 '편미분(∂), 다이버전스(▽·), 컬(▽×)'과 같은 매우 어려운 수학적 기호가 사용되어서 읽는 것조차 힘들다. 하지만 지금은 그것이 중요한 것이 아니니 너무 심각해지지 말고 세기의 발견을 구경만 해보자.

① $\nabla \cdot \vec{E} = \frac{\rho}{\epsilon_0}$

② $\nabla \cdot \vec{B} = 0$

③ $\nabla \times \vec{E} = -\frac{\partial B}{\partial t}$

④ $\nabla \times \vec{B} = \mu_0 J + \mu_0 \epsilon_0 \frac{\partial E}{\partial t}$

③번 식은 '변하는 자기장은 변하는 전기장을 만든다'라는 의미를 담고 있고, ④번 식은 '변하는 전기장은 변하는 자기장을 만든다'라는 뜻을 포함하고 있다. 따라서 ③번 식과 ④번 식으로부터 전자기파의 존재를 예측할 수 있다. 이 부분이 맥스웰 방정식이 가진 위대함이다.

이전에는 흐르는 전류만이 자기장을 만들 수 있다고 여겼다. 하지만 맥스웰 방정식을 통해 변하는 전기장도 자기장을 만들 수 있다는 것을 알게 되었던 것이다. 오늘날 우리가 널리 이용하고 있는 전자기파의 예고편이 등장했고, 어떤 이들은 여기에 자신의 인생을 걸게 되었다. 이렇게 전자기파의 존재를 예언한 맥스웰 방정식이 발표된 지 얼마 지나지 않아 1888년 독일의 헤르츠는 자신이 고안한 실험 장치로 전자기파를 검증하는 데 성공한다.

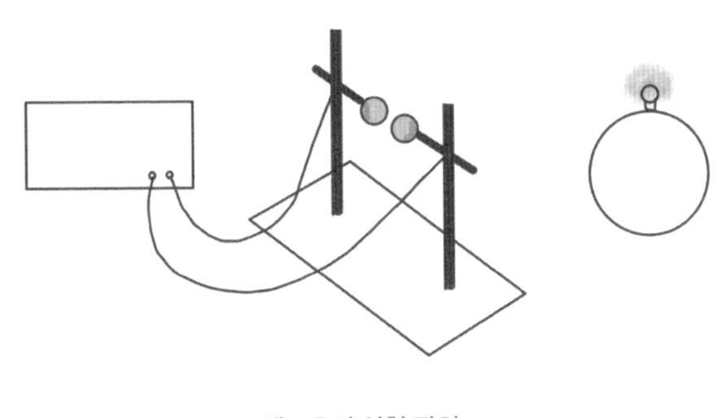

헤르츠의 실험 장치

그림과 같이 고전압을 만들 수 있는 전원 장치를 두고, 전원 장치에 작은 금속구 두 개를 연결한다. 그리고 금속구 사이의 간격이 2~3mm 정도 되도록 살짝 떨어뜨려 놓는다. 이 장치의 오른쪽에는 고리 안테나에 LED 전구인 발광 다이오드를 연결해 둔다.

전원 장치를 작동시키면 한쪽 금속구에는 (+) 전기가, 다른 한쪽에는 (-) 전기가 쌓인다. 그렇게 시간이 흐르면 (+) 전기와 (-) 전기의 차이가 커지면서 금속구 사이에서 '번쩍'하고 전기 불꽃이 생기게 된다.

이 전기 불꽃은 번개가 치는 것과 같은 원리로 생긴다. 흐린 날 구름 밑부분은 (-) 전기를 가지고 있어서 땅이 가진 (+) 전기와 차이가 생긴다. 이때, (-) 전기가 (+) 전기가 있는 쪽으로 떨어지며 번개가 생기는 것이다.

두 금속구 사이에서 생긴 전기 불꽃으로 전기장의 변화가 만들어지고 이것은 다시 자기장을 변화시키면서 전자기파가 공간으

번개는 구름이 가진 (-) 전기가 땅으로 이동하면서 생긴다.

로 퍼진다. 공간으로 퍼진 전자기파를 오른쪽에 둔 고리 안테나가 수신하여 전류가 흐르면서 발광 다이오드가 켜진다. 이로써 전자기파가 공간을 따라 퍼져나간다는 것이 헤르츠에 의해 증명되었다. 맥스웰이 방정식을 만들어 전자기파를 예언한지 15년 만의 일이었다.

헤르츠는 1894년 36세의 젊은 나이에 사망하였다. 1930년 국제전기협회IEC는 헤르츠를 기리기 위해 진동수 단위를 Hz(헤르츠)로 택하였고, 이는 1964년 길이, 질량, 부피 등의 세계 표준을 정하는 회의인 국제도량형회의에서 정식으로 채택되어 지금까지 사용되고 있다.

우리 삶에 꼭 필요한 반도체

우리나라의 스마트폰 보유 대수는 0.94[◉]로, 통계상으로만 본다면 우리나라 국민 100명 중 94명이 스마트폰을 가지고 있는 것이다. 최근에는 다양한 기능을 갖춘 스마트폰이 계속 업그레이드되면서 스마트폰의 교체 주기가 짧아지고 있다. 그만큼 버려지는 스마트폰도 증가하고 있다.

스마트폰에 들어가는 핵심 부품 중에는 반도체가 있다. 스마트폰뿐만 아니라 각종 가전제품, 자동차, 비행기, 심지어 인공위성에까지 반도체가 사용된다. 오히려 반도체가 쓰이지 않는 곳을 찾는 것이 더 빠를지도 모른다. 하지만 반도체는 중금속 원소를 재료로 하고

◉ 정용찬, <방송매체이용행태조사>, 방송통신위원회, 2021

있어서 버릴 때 제대로 버리지 않으면 그 피해가 그대로 우리에게 돌아온다.

이번 시간에는 우리 생활을 편리하고 윤택하게 만들어주는 반도체에 대해 알아보고, 반도체에 의한 환경 피해를 줄일 수 있는 방법에 대해서도 생각해 보자.

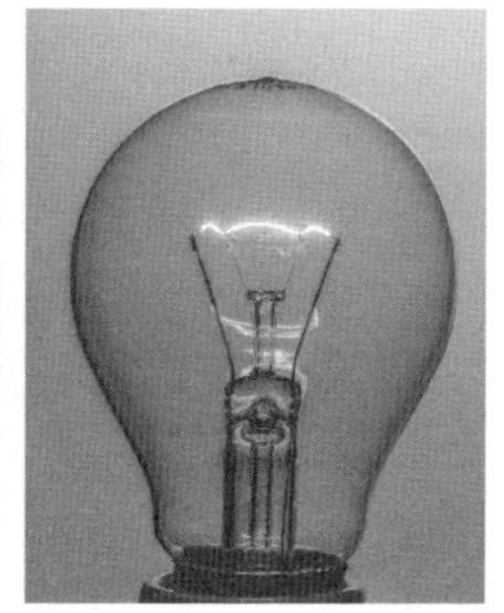

발명의 아버지 에디슨(왼쪽)과 백열전구(오른쪽)

발명의 아버지 토마스 에디슨은 1000개가 넘는 특허를 받았다. 그중 에디슨의 이름을 세상에 알린 발명품이라고 할 수 있는 것은 성능을 개선한 백열전구이다. 에너지 효율이 턱없이 낮아 지금은 생산하지 않지만 한때는 전 세계인의 사랑을 받는 전등이었다.

에디슨이 최초의 백열전구를 만든 것은 아니다. 하지만 에디슨은 전구의 수명을 늘리고 성능을 개선하여 상업화에 성공했다. 그로 인해 전 세계 가정과 산업 현장에 전구가 보급됨으로써 우리의 생활 양식 전체가 바뀌었다고 해도 과언이 아니다.

에디슨은 백열전구의 성능 향상을 위한 실험을 하던 중, 우연히 가열된 금속에서 전자가 방출되는 현상을 발견하게 된다. 이 전자를 과학에서는 '열에 의해 발생한 전자'라는 의미로 '열전자 Thermal Electron'라고 한다. 1904년 영국의 존 플레밍은 에디슨의 열전자 실험 원리를 이용해 최초의 진공관을 만들었다.

진공관이란 무엇일까?

진공관은 말 그대로 공기를 빼내 거의 진공에 가깝게 만든 유리관 속에 두 개의 금속판을 넣어 만든 전기 장치다. 그림을 보면서 순서대로 설명해 보겠다.

전자를 방출시키는 전극은 캐소드Cathode, 전자를 수집하는

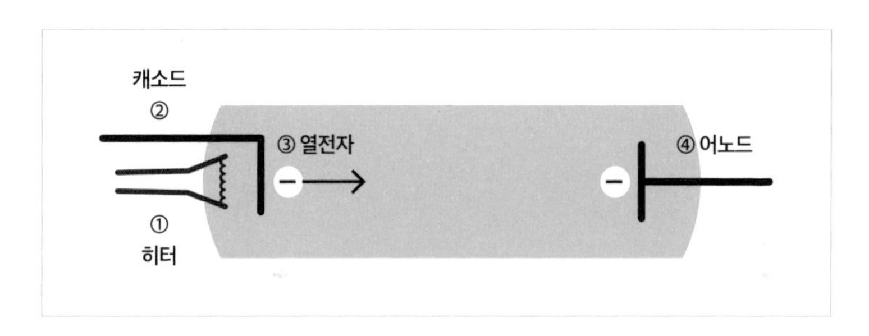

2극 진공관의 구조

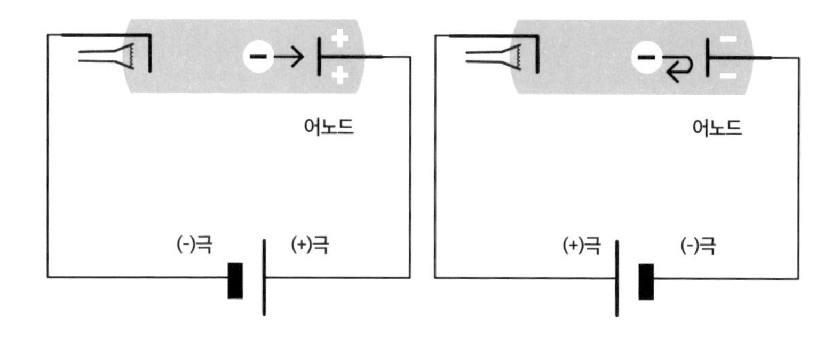

정류 작용

전극을 어노드Anode라고 한다. ① 히터를 켜면 ② 캐소드 금속판이 가열되고 그러면 거기서 ③ 열전자가 방출된다. 그렇게 방출된 열전자가 ④ 어노드 금속판에 도달하면 회로에 전류가 흐르게 된다. 이와 같이 최초의 진공관은 극이 2개여서 2극 진공관이라고 부른다. 진공관을 전기 회로에 연결해서 전류를 제어하면 다양한 기능을 발휘하는 제품을 만들 수 있다. 이제 차차 알아보자.

상단의 왼쪽 그림과 같이 2극 진공관의 어노드에 (+) 전압을 걸어주면 (-)인 열전자를 끌어당겨 극판에 잘 도달하게 만들기 때문에 전류가 잘 흐를 수 있다. 반대로, 오른쪽 그림과 같이 이번엔 어노드 쪽에 (-) 전압을 걸어주면 같은 (-)인 열전자를 밀어내므로 극판에 도달하지 못하고 회로에 전류가 흐르지 못한다. 이러한 성질 때문에 2극 진공관은 한쪽 방향으로만 전류를 흐르게 할 수

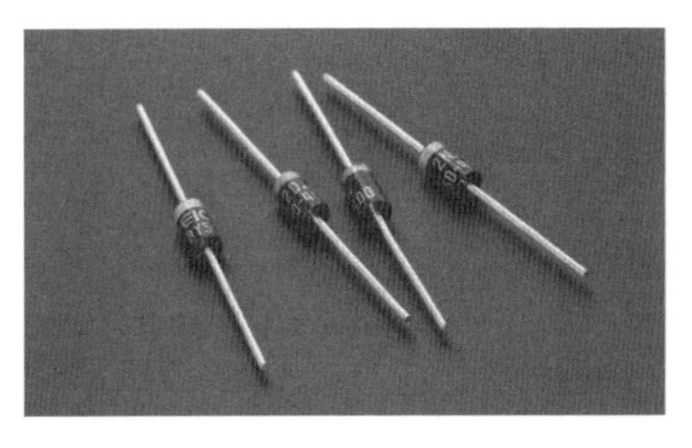
다이오드

있다. 이것을 '정류 작용'이라고 한다. 마치 경찰관이 한쪽 방향으로만 차를 보내면서 교통정리를 하는 것을 떠올리면 이해하기 쉽다. 실제로 교통정리와 정류 작용의 '정整'자는 같은 글자를 쓴다.

정류 작용은 현재 가정에서 널리 이용되고 있다. 가정용 전기는 발전소에서 오는데, 발전소에서는 전류의 방향이 주기적으로 변하는 교류 전기를 보낸다. 하지만 가전제품은 전류의 방향이 한쪽으로 일정한 직류 전기를 사용한다. 그래서 가전제품에는 '다이오드'라는 부품을 넣어 교류 전기를 직류 전기로 바꿔준다.

2극 진공관이 출시된 이후, 1906년 미국의 발명가인 리 디 포레스트는 진공관을 더욱 업그레이드 시킨다. 그는 2극 진공관의 두 극 사이에 그물 모양의 그리드Grid라는 새로운 전극을 추가한 3극 진공관인 오디션Audition을 개발하였다.

3극 진공관의 특징 중 가장 획기적인 것은 그리드의 전류를 조금만 변화시켜도 회로에 흐르는 전류를 큰 폭으로 증가시킬 수 있다는 것인데 이것을 '증폭 작용'이라고 한다. 증폭 작용을 활용하는 사례는 무궁무진하다. 그중 하나는 소리를 키우는 음향 장

치다. 마이크와 앰프, 그리고 스피커를 이용하면 몇천 명, 몇만 명의 관중이 있는 공연장에서도 쩌렁쩌렁한 큰 소리를 들을 수 있다. 그것은 앰프에 증폭 작용을 하는 전자 부품이 들어 있기 때문이다. 청각이 좋지 않은 사람이 사용하는 보청기에도 증폭 작용을 하는 부품이 들어 있다. 음향 장치에 3극 진공관이 사용되어서 음악을 재생하는 장치를 통틀어 3극 진공관의 이름에서 유래된 오디오Audio라고 부른다.

진공관의 개발은 라디오, TV, 컴퓨터의 탄생을 이끌었다. 하지만 진공관은 단점이 많았다. 유리관을 쓰기 때문에 깨지기 쉬웠고, 열전자를 방출하기 위해 히터를 쓰다 보니 온도가 높아지면 히터의 필라멘트가 끊어지기도 했다. 게다가 진공관을 사용한 라디오는 지금의 냉장고만한 크기였기 때문에 공간을 많이 차지했다. 그러다가 1940년대에 들어서며 세상을 바꿀 인류 최대의 발명품인 반도체가 개발되며 상황이 달라졌다.

도체, 절연체, 반도체

중·고등학교 과학 시간에는 보통 물질의 상태가 기체, 액체, 고체로 나뉜다고 배운다. 과학에 깊이 관심을 가지고 대학에 진학한다면 플라스마Plasma라는 상태가 하나 더 있다는 사실을 배운다. 플라스마는 기체가 엄청난 온도로 가열되어 핵과 전자가 분리되어 따로 노는 상태를 말한다. 아마 여러분은 플라스마 상태인 물질을 오늘도 만났을 것이다. 바로 태양이다.

아쉽지만 이번 시간에 우리가 얘기할 것은 플라스마가 아닌 고체다. 고체는 다시 전기를 잘 통하는 도체, 전기가 통하지 않는 절연체, 전기가 통할 수도 있고 통하지 않을 수도 있는 반도체로 나뉜다.

우리가 살펴 볼 반도체는 영어로 Semiconductor라고 하는데,

여기서 'Semi'는 절반이란 뜻을 가진다. 도체 성질의 절반만 가졌다는 의미로 반도체에서 '반 '과 같은 뜻이다.

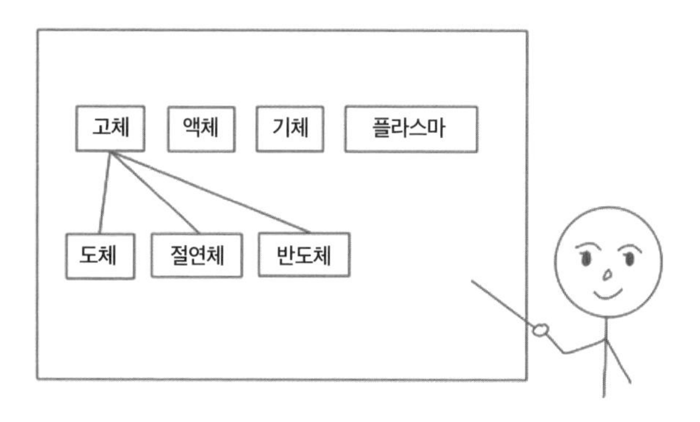

전류가 흐른다는 것은 전자가 움직인다는 것을 말한다. 전자가 움직이면 흐른다는 뜻을 담아 전류Electrical Current라고 부른다. 건전지와 같은 전원 장치는 물이 높은 곳에서 낮은 곳으로 흐르는 것처럼 전기적으로 높낮이를 만들어 전자가 흐를 수 있게 한다.

반도체는 전자를 움직이게 하는 방식에 따라 n형 반도체와 p형 반도체로 나눈다. 쉽게 예를 들자면, n형 반도체는 의자의 개수보다 앉을 사람이 더 많은 상황이라고 할 수 있다. 의자는 4개인데 사람이 5명이면 자리에 앉지 못한 사람은 의자를 찾기 위해 이리저리 움직일 것이다. 이때 사람을 전자라고 생각하면 n형 반도체에서 전류가 흐르는 방식을 쉽게 이해할 수 있다. n형 반도체는 실리콘(Si)에 비소(As)나 인(P), 안티모니(Sb)를 첨가하여 만드는

데 이때 실리콘과 결합하지 못한 전자가 하나 남게 되고 이 전자가 자유롭게 이동할 때 전류가 흐르게 된다.

p형 반도체는 n형 반도체와 반대의 원리를 사용한다. p형 반도체는 의자의 개수보다 사람이 적은 상황이라고 할 수 있다. 의자가 4개인데 사람이 3명이면 누구든 와서 의자에 앉을 수 있을 것이다. 이처럼 p형 반도체는 빈자리를 만들어서 전류를 흐르게 하는 방식이다. p형 반도체의 빈자리를 Electron hole이라고 하는데 우리말로는 양공 또는 정공이라고 부른다. p형 반도체는 실리콘(Si)에 알루미늄(Al), 붕소(B), 갈륨(Ga), 인듐(In)을 첨가해서 만든다.

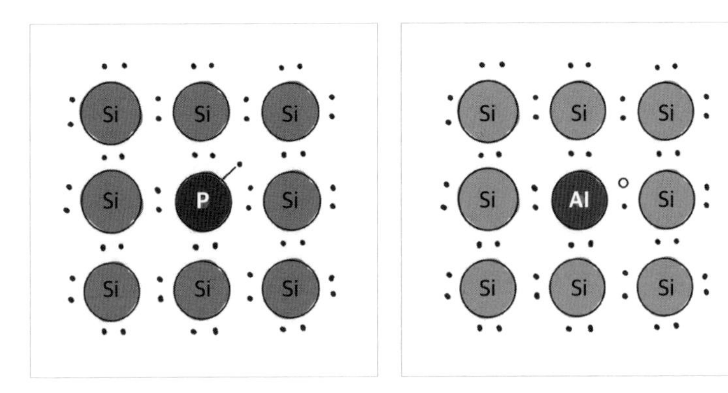

n형 반도체(왼쪽)와 p형 반도체(오른쪽)의 원리

트랜지스터와 윌리엄 쇼클리

반도체하면 빼놓을 수 없는 인물은 바로 윌리엄 쇼클리다. 1910년 미국에서 태어난 쇼클리는 어릴 적 옆집 아저씨에게 초대되어 친분을 쌓았다고 한다. 이 옆집 아저씨는 스탠퍼드 대학교 물리학과 교수였다. 쇼클리는 옆집 아저씨의 영향을 크게 받아 과학, 특히 물리학에 관심이 많았고 칼텍, MIT에서 고체 물리를 연구해 박사 학위를 받은 후 벨 연구소 연구원으로 취직하였다. 당시 쇼클리의 임무는 진공관의 성능을 향상시키는 것이었다. 그는 진공관처럼 깨지기 쉬운 것이 아니라 단단한 고체 증폭기를 사용하고 싶어했다.

1948년, 연구 끝에 쇼클리는 그 결실을 맺는 트랜지스터를 개발하는데 성공했다. 바로 '양극 접합 트랜지스터'의 등장이었다.

트랜지스터

Bipolar Junction Transistor, 일명 'BJT'라고 부르는 이 트랜지스터는 p형 반도체와 n형 반도체를 2대 1로 붙여 놓은 것이다. 원래는 극이 4개여야 하지만 하나의 극을 공통으로 사용하면서 3극 진공관과 같은 구조를 가졌다. 그리고 3극 진공관이 하는 증폭 작용을 그대로 할 수 있었다.

당시 트랜지스터는 굉장히 비쌌다. 진공관은 한 개에 15센트였고 트랜지스터는 한 개에 15달러로 가격이 100배 가까이 차이났다. 사람들은 트랜지스터의 가격이 너무 비싸서 누구도 쓰지 않을 것이라고 생각했지만 결과는 반대였다. 진공관에 비해 크기가 매우 작은 트랜지스터를 사용하면 제품의 부피를 획기적으로 줄일 수 있었기 때문에 트랜지스터는 비싼 가격에도 불티나게 팔렸다.

트랜지스터로 얻은 수익을 회사인 벨 연구소가 가져가는 것에 불만을 품은 쇼클리는 사표를 내고 자신의 회사를 차린다. 그런데 그는 과학적으로는 비상한 머리를 가졌지만 회사 경영은 엉망이었다. 직원을 신뢰하지 않았고, 게시판에 직원들의 연봉을 공개하는 등 여러 문제로 직원들의 불만을 사고는 했다.

이런 쇼클리의 경영에 반발해 로버트 노이스, 고든 무어 등이 퇴사하여 새로운 회사를 설립하게 되는데 이들이 창업한 회사들이 있는 곳이 오늘날의 실리콘 밸리가 되었다. 두 사람이 쇼클리의 회사를 나와서 차린 회사가 바로 인텔이다.

핵심 인재들이 빠져나간 쇼클리의 회사는 결국 문을 닫았다. 쇼클리는 스탠퍼드 대학교 교수로 학생들을 가르치게 되었지만 여러 막말로 구설수에 오르내렸다. 인종이 지능에 비례해서 백인이 흑인보다 월등하다거나, 아이큐가 100 이하인 사람은 아이를 못 낳게 해야 한다는 말로 명성에 오점을 남긴다. 이후에는 정치에도 발을 들이지만 막말을 일삼는 그의 행태에 국민들은 등을 돌렸다. 그는 1982년에는 공화당 상원 의원 선거에서 낙선하고, 1989년 전립선 암으로 사망할 때까지 외로운 투병 생활을 했다.

자연과 함께 발전해야 할 과학 기술

오늘날, 반도체를 필요로 하는 산업과 제품이 기하급수적으로 증가하고 있다. 고성능의 스마트폰, 자율주행이 가능한 자동차, 사람의 시중을 드는 로봇, 미래의 에너지원으로 각광받는 태양광 패널 등 반도체는 미래 산업의 거의 모든 곳에 사용된다. 문제는 반도체에는 비소As, 안티모니Sb 등의 중금속이 들어 있다는 것이다.

비소의 최대 생산국인 방글라데시에서는 비소가 포함된 지하수 때문에 중금속 오염에 그대로 노출되어 해마다 많은 사람들이 고통을 받으며 죽어가고 있다. 만약 앞으로도 반도체를 아무렇게나 버린다면 세상은 온통 중금속 중독 환자로 넘쳐날 것이다.

인류는 풍요로운 삶을 위해 무수히 많은 자원을 사용한다. 기업은 자원을 생산하고 생산된 자원을 유통한다. 개인은 그것을 소비하고 다 쓴 물건은 폐기한다. 폐기된 자원을 다시 사용하지 않는다면 자원이 계속 부족해지고 환경도 크게 훼손될 것이다. 이러한 문제점을 조금이나마 해소하기 위해 사용한 자원을 수거 후 재활용을 거쳐 다시 이용하고는 한다. 오늘날 많은 기업들이 지구 자원과 환경의 가치를 지키기 위해 노력하는 이러한 경제 활동을 그린 이코노미Green Economy라고 부른다.

그러나 그린 이코노미도 완벽한 것은 아니었다. 시간이 갈수록 그린 이코노미의 부작용이 드러났다. 지구 온난화를 일으키는 온실가스 배출을 줄이기 위해 화력 발전소 대신 풍력 발전소를 건설하였는데, 풍력 발전의 핵심인 발전소 날개에 부딪혀 죽는 새가 미국에서만 한 해에 십만 마리를 넘어섰다. 게다가 발전소 날개의 회전으로 인한 소음으로 주변 주민들이 고통을 호소하는 사례가 늘고 있다. 또, 신재생 에너지라는 수식어와 함께 많은 곳에 태양광 발전 패널을 설치하였지만 폐기되는 태양광 패널은 모두 중금속 덩어리다. 그린 이코노미를 위해 설치한 태양광 발전 패널이 오히려 우리에게 재난으로 돌아올 수 있다.

이에 대안으로 나온 것이 벨기에 환경운동가 군터 파울리가 주장한 블루 이코노미Blue Economy다. 블루 이코노미는 '블루'라는 단어 때문에 흔히 해양 생태계를 보호하며 성장하는 경제를 의미하는 용어로 쓰이기도 한다. 하지만 군터 파울리는 해양 생태계에

정말로
환경친화적인
자원일까?

국한되지 않고, '생태계가 버려지는 것 없이 순환하는 자연 시스템의 특징을 모방한 경제'라는 뜻으로 이 용어를 제시했다. 블루 이코노미는 쉽게 표현하자면, 그린 이코노미에 지속가능성과 경제적 성장이 결합된 형태의 경제라고 볼 수 있다.

버려지는 것 없이 자원으로 활용한 블루 이코노미에 관하여 일상에서 우리가 자주 마시는 커피를 활용한 사례가 있다. 커피 한 잔을 내린 뒤 남은 원두 찌꺼기는 그대로 매장할 경우, 찌꺼기가 썩으며 온실 가스의 일종인 메탄 가스를 발생시킨다. 뿐만 아니라 지렁이를 비롯한 토양 생물들이 카페인에 중독되어 고통받는다. 이 원두 찌꺼기의 성분인 목질 섬유소를 버섯을 배양할 때 이용하면, 버섯이 그 섬유소를 먹고 자랄 뿐 아니라 커피 속 카페인에 자극을 받아 더 빨리 성장한다. 이렇게 자연 물질들의 특성을 알고 잘 활용한다면, 굳이 새로운 친환경 자원을 개발하지 않아도 환경 친화적으로 발전할 수 있다.

형형색색 LED의 세계

현재 주기율표에는 원자번호 1번인 수소H부터 118번 오가네손Og까지 채워져 있다. 자연에서 발견된 원소가 90개이며, 나머지는 인공적인 핵반응을 통해 합성한 원소들이다. 이중 원자번호 57번부터 71번까지의 원소 15개와 스칸듐Sc, 이트륨Y까지 총 17개의 원소를 희토류라고 한다.

희토류는 말 그대로 흙에서 얻을 수 있는 희귀한 광물이다. 다른 금속 원소보다 화학적으로 안정적이고 열을 잘 전달하는 특성이 있어 여러 산업의 핵심 부품으로 사용되고 있다. 희토류 중 가장 유명한 것은 원자번호 60번의 네오디뮴Nd이다. 네오디뮴은 하이브리드 자동차나 전기 자동차의 모터용 자석에 널리 사용된다. 전기 자동차의 생산이 갈수록 증가하고 있어 네오디뮴의 몸값은 계속 오를 것으로 예측된다.

이번 시간에 알아볼 LED에는 원자번호 39번인 이트륨이라는 희토류가 쓰인다. 이트륨을 사용하면 발광 효율을 높일 수 있어 고도의 품질을 가진 LED 제품을 생산할 수 있다. 우리 생활에서 떼려야 뗄 수 없는 형형색색의 LED에 대해 알아보자.

빛은 전자기파 중에서 우리가 볼 수 있는 영역대인 가시광선을 일컫는 말이다. 빛이 있는 낮에는 다양한 활동을 할 수 있지만 해가 지면 어두워져 활동에 한계가 생긴다. 하지만 인간은 전기와 전구를 발명하여 하루종일 낮과 같이 생활할 수 있게 되었다. 이것으로 인간은 시간에 제약을 받지 않는 존재로 발전했다.

오늘날 사용되는 조명은 대부분 LED다. LED에 쓰이는 이트륨은 희토류 중에서 가장 먼저 발견되었다. 이트륨을 산소와 결합해 만든 산화 이트륨은 흰색 가루로 되어 있는데 이것을 LED 내부에 발라서 빨간색 빛 또는 백색 빛을 내게 한다. 이처럼 이트륨은 조명, 디스플레이 장치에 많이 사용한다.

조명 기구의 발전

조명 기구 중 가장 먼저 시작된 것은 백열전구이다. 백열전구는 동그란 유리구 안에 텅스텐 합금으로 된 필라멘트를 넣고 아르곤 기체로 채운 단순한 구조를 가지고 있다. 필라멘트에 전류가 흐르면 저항에 의해 열과 빛이 발생하게 된다. 이때 발생하는 열과 빛의 비율은 열이 90%, 빛이 10%다. 즉, 백열전구는 조명 기구로는 10%의 효율 밖에 내지 못하는 것이다.

백열전구는 이처럼 효율도 낮을 뿐 아니라 필라멘트가 가열되면 쉽게 끊어져 수명도 짧았다. 2006년 7월 EU에서는 전기전자제품에 납, 수은, 카드뮴 등 6개 유해물질의 사용을 금지하는 유해물질 제한지침(RoHS)을 시행하였고, 이에 따라 2009년 9월부터는 100W(와트) 이상의 백열전구 사용을 금지하면서 에너지 효율이

형광등

낮은 백열전구의 사용 중단이 전 세계적으로 본격화되었다. 현재 우리나라에서는 2014년부터 백열전구의 생산과 수입을 전면 중단하였다.

형광등은 기다란 원통형 유리관의 안쪽 면에 형광 물질을 바른 것이다. 유리관 안에는 수은과 아르곤 기체를 채운 후 양 끝에 금속성 전극을 붙여 놓았다. 전극에서 방출된 전자가 수은 원자와 충돌하게 되면 자외선이 발생하는데 이 자외선이 형광 물질을 자극하면 빛을 낸다. 형광등은 백열전구처럼 필라멘트를 가열해서 빛을 얻는 것이 아니므로 백열전구보다 수명도 길고, 효율도 크다. 하지만 여전히 낮은 에너지 효율과 파손 시 수은 기체가 노출되는 등의 부작용이 있다.

형광등의 대안으로 나온 것이 바로 LED이다. LED는 Light Emitting Diode의 약자로 '빛을 방출하는 다이오드'라는 뜻이다. 다이오드는 p형 반도체와 n형 반도체를 한 개씩 붙여 놓은 구조로 되어 있기 때문에, 결국 LED는 빛을 내는 반도체라고 표현해도 틀린 말은 아니다.

보통의 물질은 (+)인 양성자의 개수와 (-)인 전자의 개수가 같아서 전기적으로 중성을 띤다. 그런데 실리콘(Si)에 인(P)이나 비소(As) 등을 불순물로 첨가하면 전자가 더 많아지게 되는데 이렇게 만든 것이 n형 반도체이다. n형 반도체는 물질 내에서 (+)와 결합하지 않은 (-)가 많이 있는 반도체이다.

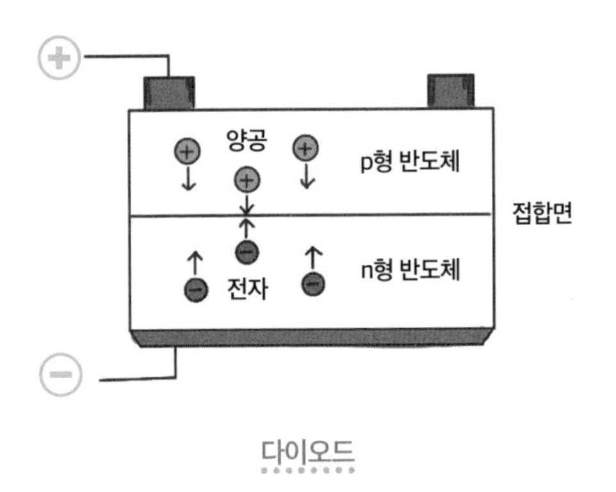

다이오드

p형 반도체는 실리콘(Si)에 붕소(B), 갈륨(Ga) 등을 첨가한 것이다. 이렇게 하면 양성자와 결합하지 못한 전자의 빈자리가 생기는데, 이것을 정공 또는 양공이라고 한다. 정공은 전자가 있어야 할 자리에 전자가 없어 생긴 빈 공간이라고 생각하면 좋다. 이렇

게 전자가 남아도는 n형 반도체와 전자가 부족한 p형 반도체를 서로 붙여 놓은 것이 다이오드이다.

n형 반도체 쪽에는 전지의 음(-)극을 연결하고, p형 반도체 쪽에는 전지의 양(+)극을 연결하면 전자와 양공이 접합면에서 결합한다. 이때 전류가 흐르고 n형 반도체와 p형 반도체의 에너지 차이인 '밴드갭 에너지'에 해당하는 에너지를 빛으로 방출하여 다이오드에서 빛이 난다.

다이오드는 밴드갭 에너지의 크기에 따라서 여러 색깔의 빛을 방출한다. 에너지가 1.77eV면 빨간색, 2.27eV면 초록색, 2.84eV면 파란색 빛을 방출한다. 여기서 eV는 '전자볼트'라는 단위로 주로 전자와 같이 매우 작은 소립자가 갖는 에너지를 표현할 때 사용한다.

LED는 백열전구나 형광등에 비해 효율이 좋고 수명이 길다. 적은 전기 에너지로도 밝은 빛을 낼 수 있다는 것과 반영구적인 수명을 갖는다는 것은 LED의 대단한 장점이다.

LED로 색을 표현하는 법

빛의 3원색은 보통 RGB라고 부르는 빨강, 초록, 파랑이다. 빛의 3원색이 모두 섞이면 흰색이 된다. 이처럼 빛의 3원색은 섞으면 섞을수록 원래 색보다 명도가 높아지면서 밝아지는데, 이것을 '가법 혼합'이라고 한다. 빛의 3원색 중 둘을 섞어 만든 청록, 자홍, 노랑은 그대로 색의 3원색이 된다. 색의 3원색은 섞으면 섞을수록 원래 색보다 명도가 낮아지는데, 이것을 '감법 혼합'이라고 한다.

19세기 후반, 프랑스를 중심으로 인상주의 미술이 탄생하였다. 인상주의 학파의 미술가들에게는 빛이 무척이나 중요했다. 빛과 함께 변하는 자연과 사물의 색채를 표현하고, 빛이 반영된 명도와 채도를 캔버스에 옮기면서 전통적인 미술의 방식을 거부하고 감

클로드 모네, <수련 연못>, (1899), 캔버스에 유채, 93 x 74cm

각에 대한 새로운 인식의 변화를 가져왔다.

인상주의의 대표적인 화가인 클로드 모네는 물체의 고유한 색은 기억과 관습이 만든 편견일 뿐 그 물체를 비추고 있는 빛의 양과 각도에 따라 물체의 색이 표현된다고 하였다. 하지만 태양빛이 만드는 다양한 색을 표현하기 위해 여러 색의 물감을 섞다 보면 감법 혼합이 되어 그림이 어두워졌다. 이에 모네는 그림을 작은 점들을 찍어 표현하는 기법을 사용하였다. 대표작 〈인상, 해돋이〉와 〈수련〉, 〈푸르빌의 절벽 산책로〉를 보면 이를 확연히 느낄 수 있다.

이렇게 작은 점을 찍어 그림을 그리는 것은 오늘날 픽셀이라고 부르는 '화소'에 해당하며, 스마트폰 화면, 컴퓨터 모니터, TV의 화면의 디스플레이를 구성하는 단위가 된다. 모네가 미래의 디스플레이 시장을 알았는지는 모르지만 모네의 기법은 시대를 초월한 것이었다. 그렇다면 픽셀로 표현하는 디스플레이 방식인 LCD와 LED, 그리고 OLED에 대해 간단하게 알아보고 가자.

LCD는 액정이라고 부르는 액체결정Liquid Crystal과 화면 표현 방법인 디스플레이Display의 첫 자를 딴 것이다. 지금은 LCD를 거의 사용하지 않지만 2000년대 초반만 하더라도 우리나라 가정의 TV와 컴퓨터 모니터는 거의 대부분 LCD였다. 평상시에는 액체였다가 전기가 걸리면 고체가 되는 특성이 있는 액정을 편광판 사이에 두고 백색광인 형광등을 비춰 색을 구현하게 하는 방식이다.

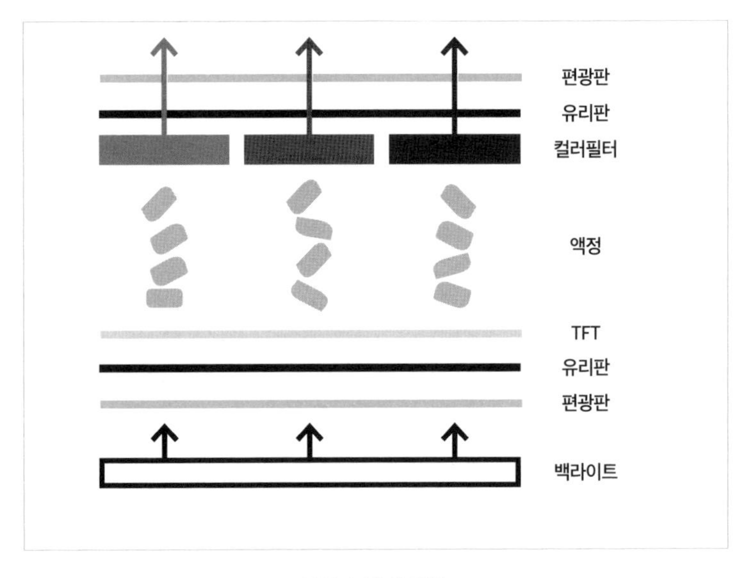

LED, LCD의 구조

앞 페이지의 그림을 보자.

맨 아래쪽에서 형광등을 백라이트로 비추고 그 위에 차례대로 편광판, 유리판, TFT(얇은 막 트랜지스터), 액정을 둔다. TFT에 흐르는 전류에 따라 액정이 배열되어 빛이 통과하기도 하고, 빛을 차단하기도 한다. 그리고 그 위에 RGB의 컬러 필터를 둬서 컬러 필터를 통과한 빛의 조합으로 색이 만들어지는 방식이다. 이때 백라이트를 형광등이 아닌 LED로 쓰면 LED 디스플레이가 되는 것이다.

OLED는 'Organic Light Emitting Diodes'의 약자로 유기 발광 다이오드라고 한다. OLED는 백라이트가 없이 자체 발광하는 LED를 사용한다는 점이 특징이다. 백라이트가 없다보니 두께가 얇고, 소비전력이 적다. OLED를 이용한 디스플레이의 가장 큰 장점은 구부리고, 접는 것이 가능해 졌다는 것이다. 최근 가로나 세로로 접는 스마트폰이 가능한 것도 OLED 덕분이다.

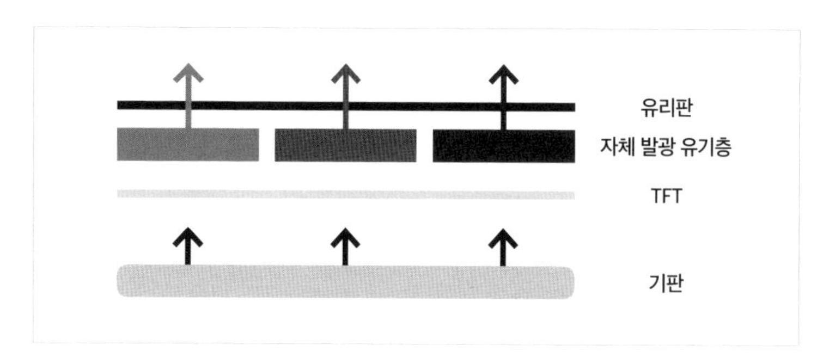

OLED의 구조

LED의 개발

1968년 미국에서 빨간색 LED가 상업화되자 곧바로 녹색 LED도 만들어졌다. LED는 p형 반도체와 n형 반도체에 있는 양공과 전자가 접합면에서 결합할 때 두 반도체 사이의 밴드갭 에너지에 해

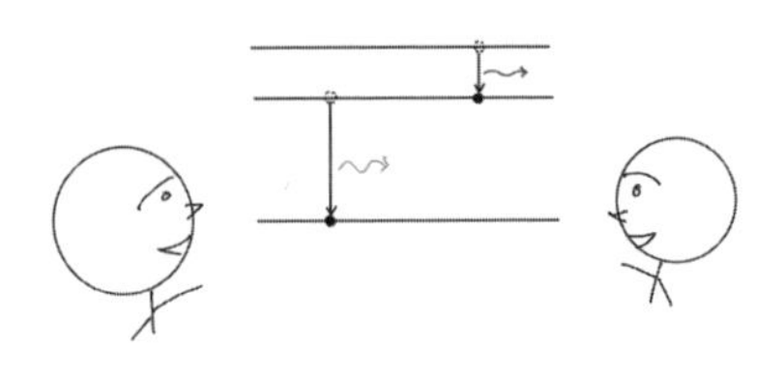

당하는 빛을 방출하는 기본적인 원리를 갖는다. 여기에 어떤 화합물을 쓰느냐에 따라 빛의 색깔이 달라진다. 왜냐하면 화합물질에 따라 밴드갭 에너지가 다르며 이는 방출하는 빛의 진동수와 파장을 결정하기 때문이다.

빨간색 LED와 녹색 LED에 쓰는 화합물은 갈륨비소 , 갈륨인 등이다. 빨간색과 녹색을 만드는 화합물들은 밴드갭 에너지가 크지 않다. 그래서 빨간색 LED와 녹색 LED는 비교적 쉽게 만들 수 있었다. 하지만 빨간색과 녹색의 조합으로 만들 수 있는 색깔은 그리 많지 않았다. 모든 색을 표현하려면 파란색이 필요했다. 과학자들은 파란색 LED를 만드는데 힘을 쏟았다.

많은 연구자들은 파란색 LED를 만들기 위한 화합물로 셀레늄화아연 을 사용했다. 셀레늄화아연을 이용한 파란색 LED는 제작은 쉬웠지만 빛을 내는 효율이 너무 낮았고 파란색이 아닌 녹색의 빛이 많이 섞여 나왔다. 당연히 이 파란색 LED는 상업용 가치가 떨어졌다.

일본 메이조 대학교의 교수였던 아카사키 이사무는 그의 제자인 아마노 히로시 교수와 에너지 효율이 높은 질화갈륨 을 이용한 파란색 LED를 제안하였다. 하지만 질화갈륨 화합물로 파란색 LED를 제작하는 것은 너무 어려운 일이었다. 이 화합물을 반도체에 입힐 때 반도체에 변형이 생기기 때문이었다. 그러던 중 니치아 화학공업이라는 회사의 연구원인 나카무라 슈지가 주변의 만류와 냉소를 참고 7년 간 연구를 지속한 끝에 고효율의 파란색 LED를 만드는데 성공하였다.

파란색 LED의 개발은 새로운 디스플레이 시대를 열게 되었고 앞으로의 발전 가능성도 무궁무진하게 되었다. 특히 백열전구, 형광등과 같이 효율이 낮은 데다, 유해가스를 쓰는 조명 장치를 대체할 수 있기에 지구 환경 보호의 측면에서도 파란색 LED의 개발은 인류에게 큰 도움이 되었다. 이러한 공로로 2014년 아카사키, 아마노, 나카무라 세 명은 노벨물리학상을 수상하였다.

4장

우주의 과학

작지만 크게 보는 기하 광학

우주를 수놓은 별

아인슈타인이 발견한 시간의 비밀

빛을 인식하는 우리 눈의 구조

빛은 예로부터 많은 사람들의 관심 대상이었다. 특히 과학자들은 빛의 본성을 캐기 위해 자신의 모든 것을 걸고 치열하게 연구했다. 아이작 뉴턴은 빛이 입자라고 생각했고, 의사이자 물리학자였던 토마스 영은 자신이 제작한 실험 장치를 통해 빛이 파동임을 증명하였으며, 알버트 아인슈타인은 빛이 광양자라는 작은 알갱이로, 입자의 성질을 띠고 있음을 발표했고 그 공로로 노벨상을 수상했다.

이렇게 빛의 성질을 연구하는 학문 중에 '기하 광학Geometrical Optics'이 있다. 기하 광학에서는 빛을 광선Ray으로 취급하는데 이번 시간에는 광선에 영향을 받는 사람의 눈, 렌즈, 안경, 망원경에 대한 이야기를 해보려 한다. 흥미로운 기하 광학의 세계로 떠나보자!

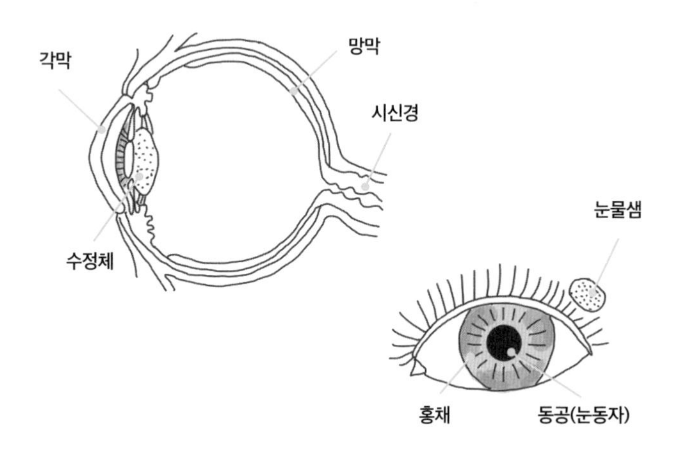

눈의 구조

우리 눈은 동그란 공 모양으로 생겼다. 평균적으로 성인의 안구 지름은 2.4cm 정도다. 탁구공의 지름이 4cm이니 우리의 눈은 탁구공보다도 작은 것이다. 눈은 작지만 우리가 세상을 보게 하는 놀라운 일을 한다. 어떻게 눈이 이런 일을 하는지 눈의 구조를 살펴보자.

눈에서 중요한 기능을 하는 핵심적인 부분들을 살펴보자. 먼저 눈을 보호하기 위해 가장 앞쪽에 투명한 각막이 덮여 있다. 시력을 교정하기 위한 수술인 라식과 라섹은 모두 각막을 깎아내는 수술이다.

눈 안쪽에 위치한 수정체는 눈에서 매우 중요한 역할을 한다.

눈으로 들어온 빛이 볼록 렌즈 모양의 수정체에서 모여 망막의 시세포가 집중된 곳에 맺힌다. 수정체를 양쪽에서 잡고 있는 작은 근육은 수정체 두께를 조절하는데, 이를 통해 먼 곳에 있는 물체와 가까운 곳에 있는 물체를 자유자재로 볼 수 있다.

눈꺼풀 안쪽에 있는 눈물샘에서는 24시간 내내 눈물이 조금씩 흘러나온다. 농도 2%의 소금물인 눈물은 우리에게 매우 소중한 존재다. 눈을 깜박거릴 때마다 눈물이 눈에 묻은 먼지를 닦아내고 세균을 죽여 우리 눈을 건강하게 유지한다.

홍채는 눈으로 들어오는 빛의 양을 조절한다. 우리가 파란 눈, 갈색 눈이라고 말하는 것은 다름 아닌 홍채의 색깔이며 눈동자는 모든 사람이 똑같이 검은색이다.

우리의 눈은 왜 두 개일까?

사람을 포함해 고양이, 개, 사자, 토끼 같은 포유류의 눈은 두 개다. 닭, 참새, 독수리 등 조류도 눈이 두 개다. 뱀, 개구리, 도마뱀 등 파충류도 눈이 두 개고, 심지어 물속에 사는 물고기들도 눈이 두 개다.

왜 동물의 눈은 대부분 두 개일까? 눈이 한 개면 안 될까? 결

우리가 알고 있는 대부분의 동물은 눈이 두 개다.

론적으로 말하면, 눈이 한 개여도 볼 수는 있지만 사물을 입체적으로 볼 수는 없다. 즉, 눈이 한 개면 거리 감각이 없어진다. 한쪽 눈을 감고 양손의 집게손가락끼리 만나게 해보면 거리 감각을 잘 느끼지 못해 어긋날 것이다.

한쪽 눈을 감으면 거리 감각을 느끼기 어렵다.

자연에서 눈이 한 개라면 천적이 나타났을 때 얼마만큼 떨어진 곳에 있는지 알지 못해서 위험에 처할지도 모른다. 또 정확하게 위치를 알 수 없기 때문에 사냥도 어려울 것이다. 동물은 생존을 위해 두 개의 눈을 가진 모습으로 진화했다.

그리스 신화에 등장하는 바다의 신 포세이돈의 아들 중에는 폴리페모스라는 거인이 있었다. 거칠고 난폭하며 눈이 하나밖에 없는 폴리페모스를 사람들은 외눈 거인이라고 불렀다. 그런데 이 야수같은 폴리페모스에게도 사랑하는 여인이 있었으니 바로 갈라테이아였다. 하지만 갈라테이아는 젊고 멋진 아키스를 사랑했다. 두 사람이 함께 있는 모습을 본 폴리페모스는 커다란 돌을 들어 저 멀리에 있는 아키스에게 던졌고, 아키스는 그 돌에 맞아 죽고 말았다. 하지만 이것은 과학적으로 확률이 매우 낮은 일이다. 우연히 이런 일이 일어났다면 모를까. 눈이 하나뿐인 폴리페모스는 아키스의 위치를 정확히 알 수 없으므로 한 번에 아키스를 맞힐 수 없기 때문이다.

3

눈이 두 개라서 생기는 '시차'

눈으로 물체를 바라볼 때 눈이 가는 길 또는 그 방향을 시선이라고 하며, 우리 눈이 볼 수 있는 범위를 시야라고 한다. 시야는 앞쪽으로 120° 정도의 범위이며, 이 범위 안에 놓여 있는 물체에 두 눈의 시선이 만나면 또렷하게 물체를 볼 수 있다.

우리 눈의 시야는 120° 정도이다.

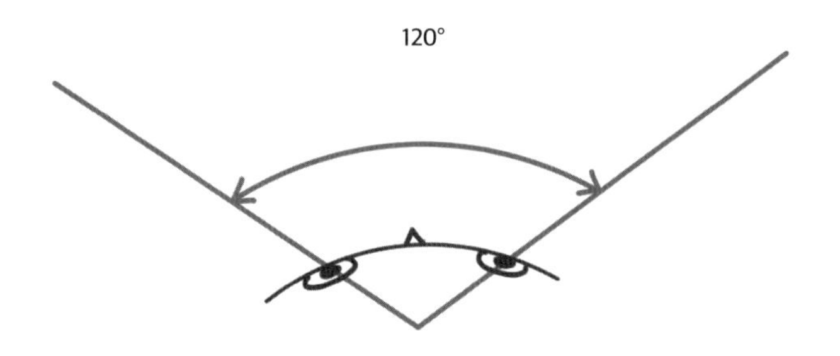

왼쪽 눈이 보는 시선과 오른쪽 눈이 보는 시선이 이루는 각을 시차Parallax라고 한다. 양쪽 눈에 의해 생기는 시차 덕분에 우리는 물체의 위치를 입체적으로 받아들일 수 있다. 물체가 가까이 있을 때는 시차가 크고, 물체가 멀리 있으면 시차가 작다. 이를 통해 우리 뇌는 가깝고 먼 정도를 인식한다. 같은 크기의 물체라도 가까이 있으면 크게 보이고, 멀리 있으면 작게 보이는 것도 시차에 의해 생기는 현상이다.

시차를 통해 물체가 얼마나 가까이 있는지 알 수 있다.

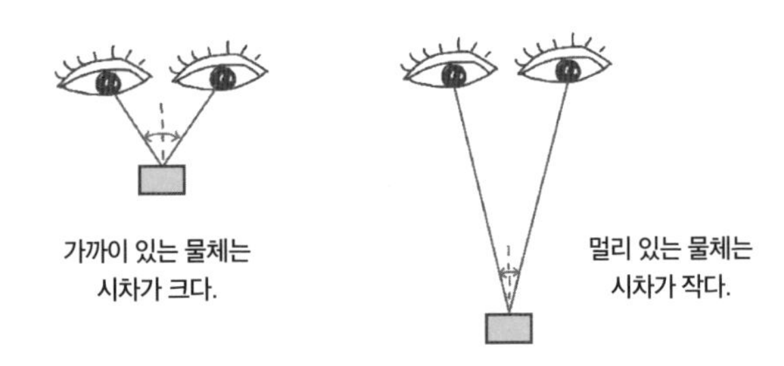

어떤 경우에는 대상이 같은 위치에 있어 시차가 같아도 크기가 다르게 보이는 신기한 현상을 경험할 수 있는데, 이를 착시Optical Illusion라고 한다. 아래 그림과 같이 청록색 선과 검정색 선은 길이가 같지만 양 끝에 그린 선의 방향 때문에 청록색 선이 더 길어 보인다.

착시 현상

볼록 렌즈와 오목 렌즈

렌즈에는 볼록 렌즈와 오목 렌즈가 있다. 볼록 렌즈는 렌즈의 중심부가 가장자리보다 볼록하고, 반대로 오목 렌즈는 중심부가 가장자리보다 오목하다.

볼록 렌즈와 오목 렌즈는 렌즈의 중심을 기준으로 양쪽에 초점이 있다. 초점은 빛이 한 곳으로 모이는 지점을 말한다. 볼록 렌즈를 지난 빛은 렌즈에 의해 굴절되어 초점에서 모이고, 오목 렌즈를 지난 빛은 초점에서 나온 것처럼 퍼지면서 진행하는 특징이 있다.

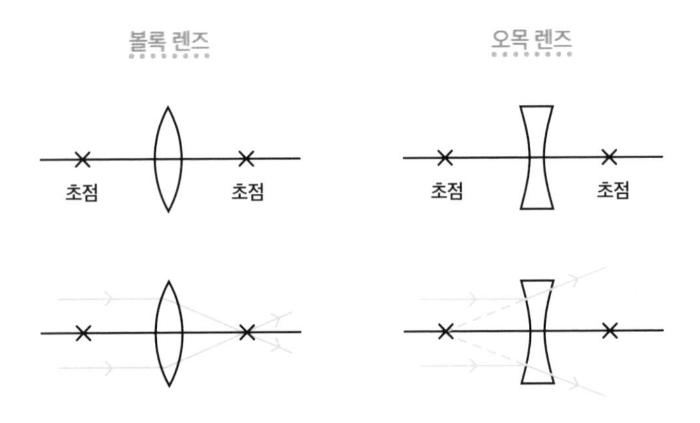

우리 눈의 수정체는 볼록 렌즈 형태로 되어 있어서 눈으로 들어오는 빛을 망막에 모은다. 망막에는 시각세포가 집중적으로 몰려 있는 황반Macula이 있는데 이곳에 빛이 모이면 물체가 선명하고 또렷하게 보인다.

눈으로 들어오는 빛은 망막의 황반에 모인다.

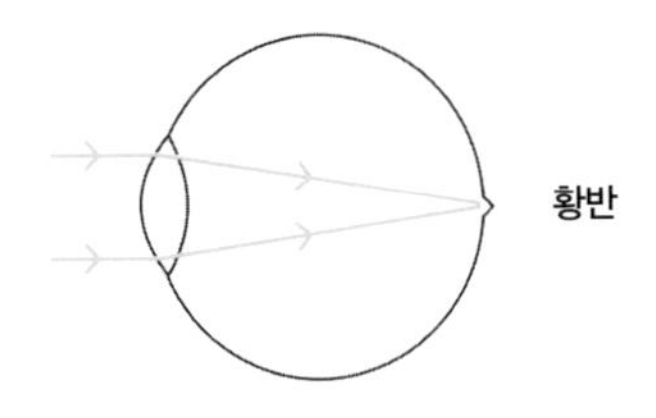

하지만 책이나 스마트폰을 너무 가까이서 보는 것이 습관이 되면 수정체가 두꺼워져서 빛이 망막의 황반보다 앞쪽에 모인다. 이때는 물체가 선명하지 않고 흐리게 보이는데 이것을 근시Myopia라고 한다. 근시를 교정하기 위해서는 오목 렌즈를 이용한다. 눈앞에 있는 오목 렌즈는 한 번 퍼진 빛을 수정체로 다시 모은다. 이렇게 하면 초점을 뒤로 보내서 황반에 맞출 수 있다. 자신이 쓰고 있는 안경이 가운데가 얇고 가장자리가 두껍다면 근시이다.

상이 앞쪽에 맺히는 근시는 빛을 퍼뜨리는 오목 렌즈로 교정한다.

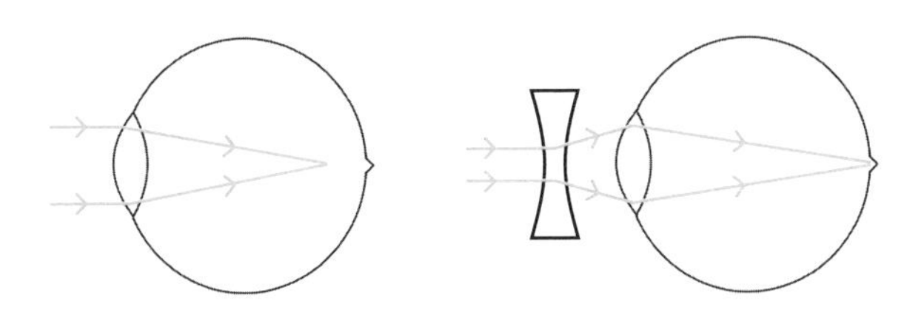

수정체를 지난 빛이 황반 뒤에서 모이는 경우도 있다. 이를 원시Hyperopia라고 한다. 원시는 수정체를 양쪽에서 잡아주는 근육에 노화가 왔을 때 발생한다. 근육이 수정체 두께를 조절하지 못해 수정체가 얇아지고 이로 인해 빛이 굴절하는 정도가 약해지면 초점이 황반보다 뒤쪽에 생긴다. 원시를 교정하기 위해서는 볼록 렌즈로 만든 안경을 사용한다. 눈앞에 있는 볼록 렌즈가 빛을 일차적으로 모아주고 수정체가 다시 빛을 모아 초점을 앞으로 가져온다.

상이 뒤쪽에 맺히는 원시는 빛을 모아주는 볼록 렌즈로 교정한다.

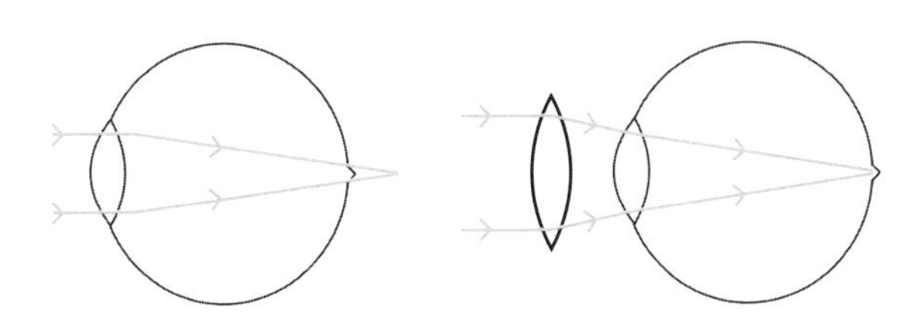

망원경의 원리

안경을 사용하면 흐릿하게 보이던 물체도 선명하고 또렷하게 볼 수 있는 이유를 알게 되었다. 하지만 안경을 쓴다고 해서 모든 것이 잘 보이는 것은 아니다. 하늘 위에 있는 별은 아무리 좋은 안경을 쓰더라도 작은 점으로만 보인다. 멀리 있는 별을 보기 위해서는 망원경을 사용해야 한다. 점이 콕 찍힌 것 같은 별도 큰 망원경을 통해서 보면 둥그런 형태와 줄무늬까지 모두 선명하게 볼 수 있다. 망원경은 어떤 원리를 이용하여 멀리 있는 물체를 선명하게 볼 수 있게 하는 것일까?

망원경은 1608년에 네덜란드에서 안경점을 하고 있던 한스 리퍼세이가 처음으로 만들었다. 아무래도 안경을 만드는 직업이니 렌즈를 자주 만져보고 사용하면서 우연히 물체가 크게 보이는 순간을 포착했을 것이다. 한스가 만든 망원경이 유럽으로 퍼진다는 소식에 위기감을 느낀 갈릴레이는 자신의 후원자들을 위해 서둘러 망원경을 만들 수밖에 없었다. 지금이야 엄청난 규모의 기계들로 렌즈를 깎아 대량 생산을 할 수 있는 시스템이지만 이 당시에는 사람이 직접 렌즈를 깎아야 해 무척 힘든 작업이었다.

갈릴레이는 최초의 망원경을 만들지는 못했지만 다른 분야에서 세계 최초 타이틀을 갖게 된다. 그는 1610년 자신이 만든 망원경으로 목성의 위성 4개를 발견했는데, 이는 망원경을 이용해 처음으로 태양계 행성의 위성을 관측한 결과다.

갈릴레이는 눈이 클수록 물체를 더 크게 볼 수 있다고 생각했다. 즉 눈의 수정체에서 망막까지의 거리가 멀수록 더 큰 상이 생긴다고 믿었다. 하지만 사람의 눈은 크기가 비슷비슷하다. 어떻게 해야 더 큰 눈을 만들 수 있을까?

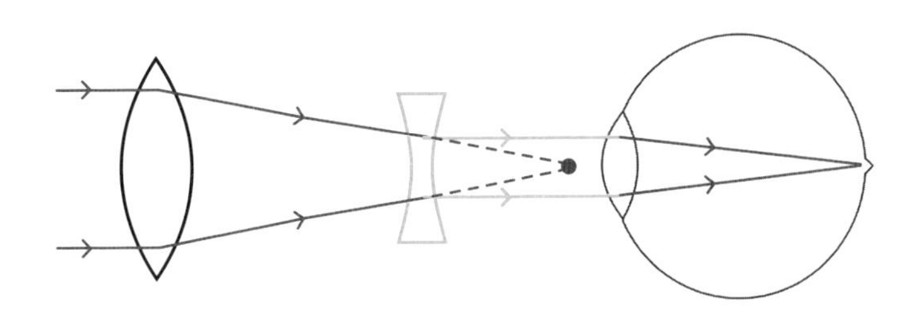

갈릴레이식 망원경의 원리

갈릴레이는 눈에서 먼 쪽에는 볼록 렌즈를, 눈앞에는 오목 렌즈를 두었다. 그리고 그림과 같이 볼록 렌즈의 초점과 오목 렌즈의 오른쪽 초점을 일치시켰다. 볼록 렌즈를 지난 빛이 초점을 향해 모이지만 그 초점은 오목 렌즈의 초점이기도 하므로 오목 렌즈를 통과한 빛은 다시 나란한 평행광선이 되면서 수정체로 향한다. 이렇게 아래 그림과 같이 망원경의 볼록 렌즈에서 시작되는 커다란 눈이 만들어진 셈이다. 이렇게 볼록 렌즈와 오목 렌즈의 초점거리를 이용해 만든 망원경을 '갈릴레이식 망원경'이라고 부른다.

다만 갈릴레이식 망원경은 시야가 좁다. 그래서 천체 관측에는 잘 사용하지 않고 오페라 관람용 망원경 정도로만 사용된다.

갈릴레이식 망원경과 거의 비슷한 시기에 만들어진 케플러식 망원경은 볼록 렌즈 두 개를 이용한 망원경으로 시야가 넓다는

망원경으로 거대한 눈을 만들어 크게 볼 수 있도록 했다.

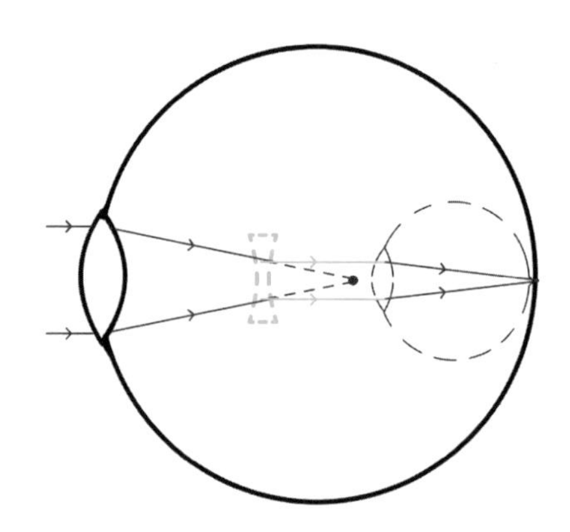

케플러식 망원경은 상이 뒤집혀 보인다.

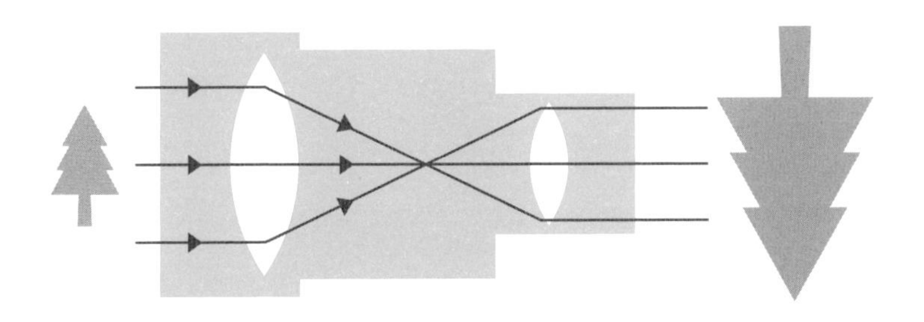

장점이 있다. 볼록 렌즈를 사용하면 물체와 반대로 뒤집힌 상이 생기지만 동그란 모양의 별을 관측할 때는 상이 뒤집혀 있어도 상관이 없으므로 천문 관측에 많이 사용한다. 케플러식 망원경을 쓰는 쌍안경은 통 안에 프리즘을 놓아 상의 모양을 물체의 모양과 같은 방향이 되게 하여 사용하는데 불편함이 없도록 했다.

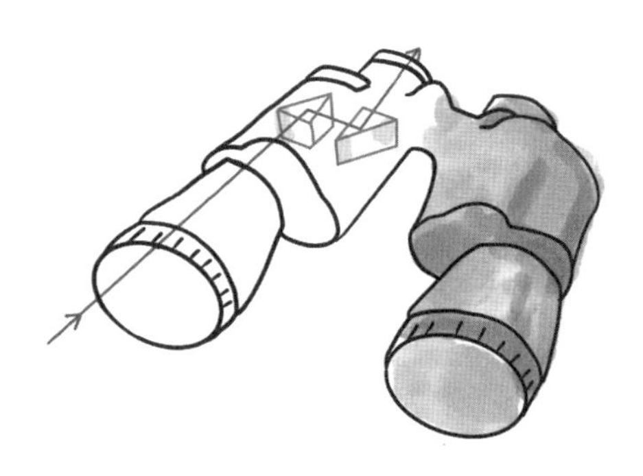

굴절망원경

갈릴레오 갈릴레이

갈릴레이는 1564년 이탈리아의 피사에서 태어났다. 갈릴레이가 살던 당시에는 모든 자연 현상을 아리스토텔레스의 세계관으로 바라보고 있었다. 아리스토텔레스 세계관에 의하면 모든 자연 현상은 곧 철학이었다.

나무, 동물, 사람을 아리스토텔레스 세계관으로 접근해 보자. 아리스토텔레스는 나무에 '식물의 영혼'이 있어서 자랄 수 있다고 생각했으며, 동물에는 '식물의 영혼'과 '동물의 영혼'이 함께 있어서 자라기도 하고 움직일 수도 있다고 하였다. 사람은 식물, 동물의 영혼과 '이성의 영혼'이 함께 있어 생각할 수 있다고 정의했다. 지금 생각해 보면 말도 안 되는 이런 사고방식들이 갈릴레이가 공부하던 당시에는 당연하게 생각되었다.

이와 달리 갈릴레이는 자연 현상은 '과학'이며 실험과 관측, 계산을 통해 설명할 수 있다고 생각하였다. 오늘날 많은 이들이 진정한 물리학자 1호로 갈릴레이를 꼽는 이유가 바로 여기에 있다. 하지만 '물리학자Physicist'라는 용어는 갈릴레이가 죽고 200년이나 지난 1840년에 만들어진 단어이므로 갈릴레이는 살아 있는 동안에 물리학자라는 말을 들어본 적이 없을 것이다.

10살 때 수도원에 들어가 라틴어를 배우고, 그림을 그리고, 악기를 연주하면서 평화롭게 살던 갈릴레이는 이러한 삶에 만족하여 수도사가 되고 싶어 했다. 하지만 그의 아버지는 갈릴레이가 의사가 되어 집안을 일으켜주길 바랐다. 그래서 갈릴레이는 17살에 피사 대학교 의대에 다니게 되었다. 하지만 갈릴레이는 의학보다 수학에 더 관심이 많았다. 그의 성향을 알아챈 지도교수 오스텔리오 리치는 갈릴레이에게 유클리드와 아르키메데스의 수학책을 빌려주었고 그는 수학에 더 큰 관심을 가지게 되었다. 갈릴레이의 수학적 재능을 더 키워주고 싶었던 리치 교수는 갈릴레이의 아버지를 끈질기게 설득하였고 결국엔 갈릴레이가 수학을 공부해도 좋다는 허락을 받아냈다.

갈릴레오 갈릴레이
(Galileo Galilei)

뒤늦게 수학 공부를 시작하여 대학 졸업 후 취직도 하지 못한 갈릴레이는 분명 조바심이 났을 것이다. 이때부터 갈릴레이는 자신의 연구 내용이나 출판물을 종교 지도자나 귀족들에게 보내 직접 후원자를 찾기 시작했다. 그리고 그 결과 1222년에 설립되어 세계에서 오래된 대학 5위인 파도바 대학교의 수학 교수 자리를 얻게 된다. 파도바 대학교에서 수학을 18년 동안 가르치던 이때가 자신의 최고 절정기라고 갈릴레이가 스스로 말할 정도로 파도바 대학교에서의 생활은 만족스러웠다.

이탈리아의 피렌체가 르네상스의 탄생지로 불리는 데는 메디치 가문의 역할이 컸다. 메디치 가문은 레오나르도 다빈치, 미켈란젤로 등 그 당시 예술의 거장이라 불리는 많은 이들에게 적극적인 후원을 했다. 갈릴레이 역시 자신의 지위를 보장받기 위해 메디치 가문의 코시모 왕자에게 출판한 책을 헌정하거나, 자신이 개발한 망원경으로 관측한 목성의 위성 4개를 '메디치 가문의 별'이라고 부르는 등 메디치 가문과 좋은 관계를 맺기 위해 노력했다.

하지만 갈릴레이의 결말은 그리 좋지 않았다. 1633년 2차 종교재판에서 친분을 맺어오던 교황 우르바누스 8세에게 정치적으로 이용당하면서 유죄 판결을 받았고, 1642년 사망할 때는 장례도 허락받지 못한 채 쓸쓸히 죽음을 맞이했다. 이후 1992년 교황 요한 바오로 2세가 갈릴레이의 유죄 판결을 정식으로 사과했는데 이미 갈릴레이가 죽은 뒤 350년이 지난 후의 일이다.

시력과 안경

우리 눈이 물체를 또렷이 볼 수 있는 능력을 시력이라고 한다. 시력이 좋으면 멀리 있는 물체도 분명하게 구별할 수 있다. 요즘에는 시력 검사하는 기계에 눈만 대면 몇 초도 안 되어 시력을 알 수 있다. 시력을 검사하는 기계가 없던 옛날에는 어떻게 시력을 측정했을까?

고대 로마시대에는 군인들의 시력을 검사하는 데 큰곰자리Ursa Major에 있는 북두칠성을 이용했다. 큰곰자리는 우리나라에서 일 년 내내 볼 수 있는 대표적인 북쪽 하늘의 별자리이다. 이 큰곰자리의 꼬리와 엉덩이 부분에 국자 모양을 한 일곱 개의 별이 바로 북두칠성北斗七星이다. 북두칠성의 꼬리 끝에서 두 번째

큰곰자리(Ursa Major)

별인 미자르Mizar 옆에는 알코르Alcor라는 작은 별이 있다. 보통은 두 별이 하나로 보이지만 시력이 좋은 사람은 맨눈으로도 두 별을 구별할 수 있다. 시력이 좋은 사람에겐 북두팔성이 되는 셈이다. 군인의 인기가 매우 높았던 로마시대에는 이 두 별을 구별하느냐 못하느냐로 지원자를 선발했다고 한다.

기계를 사용하지 않고 시력검사를 할 때 사용하는 시력검사표는 1843년에 발명되었다. 시력검사표는 독일 안과의사 하인리히 퀴흘러가 처음 발명한 이후 많은 사람들에 의해 개선되었다. 1888년에는 프랑스 안과의사인 에드먼드 란돌트가 란돌트 고리Landolt Ring를 시력검사표에 넣어 어린이나 글자를 못 읽는 사람들도 쉽게 검사할 수 있도록 하였다. 우리나라에서는 1951년 안과의사 한천석 박사가 시력검사표를 처음 만들었다. 그 이후 여러 시

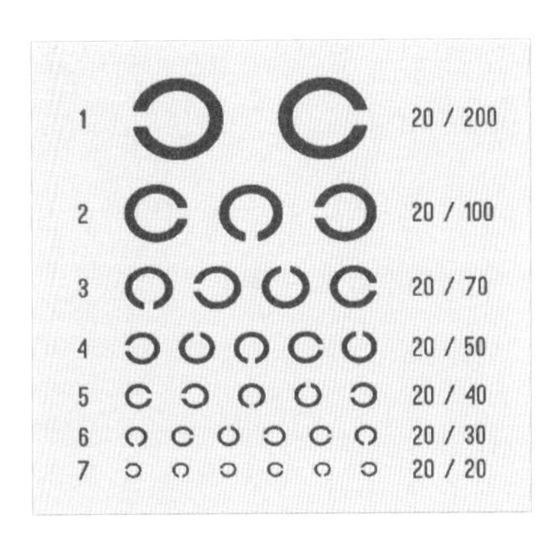

란돌트 고리(Landolt Ring)

력검사표가 만들어졌지만 한참 동안 표준 규격이 정해지지 않았고, 2006년에 들어서야 국제 기준에 맞는 표준 KS규격을 만들어 현재까지 사용하고 있다.

안경의 도수를 표시하는 단위는 D라고 쓰고, 디옵터Diopter라고 읽는다. 디옵터는 빛이 렌즈를 지날 때 굴절하는 정도를 나타낸다. 볼록 렌즈를 사용하는 원시인 경우는 플러스(+) 값을 쓰고, 오목 렌즈를 사용하는 근시인 경우에는 마이너스(-) 값을 쓴다. 어떤 사람들은 렌즈 도수표의 마이너스를 보고 자신이 마이너스 시력이라고 오해하고 있는데 시력의 가장 작은 값은 0이므로 실제로 마이너스 시력은 없다. 단지 안경의 렌즈가 오목 렌즈라는 의미일 뿐이다.

안경의 도수는 초점거리를 미터 단위로 바꾼 값을 역수로 해서 구한다. 예를 들어 근시 안경을 쓰는 사람이 초점거리 50cm인 오목 렌즈를 사용한다면 50cm를 미터로 바꾼 0.5m에, 역수를 취하면 $\frac{1}{0.5}=2$ 이다. 여기에 오목 렌즈를 의미하는 마이너스를 붙여 -2D (마이너스 2 디옵터)라고 표현한다.

밤하늘에 빛나는 별들

점성술사는 천체 현상을 관찰하여 인간의 운명이나 장래를 점치는 사람이다. 이들이 고대나 중세시대에 권력을 누릴 수 있었던 것은 밤하늘의 별들이 나약한 인간들에게 경이롭고 신비한 대상이었기 때문이 아닐까.
사람들은 별을 음악에, 미술에, 문학 작품에 표현하며 별과 함께 생활해 왔다. 렌즈 깎는 기술이 발전하면서 더 먼 곳에 있는 별을 관찰할 수 있게 되었고, 현재는 전파를 이용한 망원경으로 24시간 별을 관찰하면서 우주의 비밀을 파헤치려고 애쓰고 있다. 이번 시간에는 밤하늘을 찬란하게 빛내는 천문학의 세계에 대해 알아보자.

아래 그림은 빈센트 반 고흐가 그린 〈별이 빛나는 밤The Starry

Night〉이라는 작품이다. 밤하늘을 푸른 배경으로 하고 별과 달 그리고 구름이 흘러가는 모습을 표현했다. 고흐는 프랑스 화가 폴 고갱과 같은 집에서 생활하면서 견해차로 자주 다투게 되고 그 화를 못 이겨 자신의 귀를 자르고 말았다. 이후 고흐는 스스로 정신 병원에 입원하고 그곳에서 이 작품을 그렸다.

그림의 왼쪽에 길게 솟아 있는 것은 사이프러스 나무다. 사이프러스 나무는 이집트 미라의 관, 예수의 십자가를 만든 나무로 죽음과 관련이 깊다. 아마도 고흐는 정신 병원에서 죽음의 문턱을 보았을지도 모르겠다. 사이프러스 나무 오른쪽 옆으로 크게 빛나는 것은 별이 아니라 금성이다. 별은 스스로 빛을 내지만 금성과 같은 행성은 태양빛을 반사해서 밝게 보인다. 금성은 반사율이 70%로 100 만큼의 햇빛을 받으면 30은 자신이 갖고 나머지 70

빈센트 반 고흐, <별이 빛나는 밤>, (1889), 캔버스에 유채, 73.7 x 92.1cm

을 반사하기 때문에 엄청나게 밝게 보인다. 이는 태양계 내의 행성 중에서 가장 높은 수치이다. 금성은 해 뜨기 전의 동쪽 하늘이나, 해가 지고 난 후의 서쪽 하늘에서 잠깐 볼 수 있다. 해뜨기 전에 반짝이는 금성을 '샛별'이라고 부르는데 고흐는 하늘을 푸르스름하게 칠하여 해가 뜨기 전의 새벽 하늘에 샛별도 함께 그려 넣었다.

밤하늘을 보면 수많은 천체가 밝게 빛나고 있는데 그 모든 것이 별은 아니다. 그중에는 금성, 목성, 토성과 같은 태양빛을 받아 빛나는 행성도 있고, 인간이 만들어서 우주로 보낸 인공위성도 있다. 진짜 별이라고 부를 수 있는 항성은 밝기도 제각각 다르고, 지구로부터 떨어진 거리도 전부 다르다.

지구에서 별까지의 거리를 측정하는 것은 예전부터 천문학자들의 큰 고민 중 하나였다. 직접 가볼 수도 없는 먼 거리에 떨어진 별의 거리를 어떻게 측정할 수 있을까? 가끔 뉴스나 과학 서적을 보면 '50만 광년 떨어진 별'이라고 하면서 정확한 거리를 말할 때가 있다. 천문학을 연구하는 과학자들이 어떤 방법으로 지구와 별 사이의 거리를 알 수 있게 되었는지 살펴보도록 하자.

변광성

삶의 대부분을 영국에서 지냈지만, 네덜란드에서 태어나 구드리케라고도 불리는 존 구드릭은 청각장애인이자 천문학자였다. 어릴적 그는 성홍열猩紅熱이라는 병을 앓았다. 이는 어린이들에게 많이 나타나는 전염병으로 고열로 피부에 붉은 점들이 생기고 콩팥의 기능이 떨어지거나 청력이 약해지는 위험한 병이다. 구드릭은 병을 앓고 난 이후부터 귀가 거의 안 들려 자연스럽게 혼자 있는 시간이 많아졌다. 그는 외로움을 달래기 위해 밤하늘의 반짝이는 별을 관찰했고 자연스럽게 천문학에 관심이 생겼다. 구드릭은 별을 바라보던 어느 날, 세페우스Cepheus 별자리에 속한 '델타 별'의 밝기가 주기적으로 변한다는 것을 발견하게 되었다.

세페우스 자리와 델타

세페우스 자리는 지구의 북반구에서 1년 내내 볼 수 있는 별자리다. 구드릭은 '델타'가 가장 밝은 상태에서 어두워졌다가 다시 가장 밝아질 때까지 걸리는 시간이 5일 정도(정확하게는 5.37일)라는 것을 알아냈다.

우리가 숨을 쉴 때 가슴이 팽창과 수축을 반복하듯 어떤 별들은 별 내부의 에너지 변화로 부피가 커졌다 작아지기를 주기적으로 반복한다. 별의 부피가 커질 때는 부피를 증가시키려고 에너지를 소모하기 때문에 온도가 내려가고 밝기가 흐려진다. 부피가 감소할 때는 반대로 밝기가 밝아진다.

우리의 맥박이 일정한 주기를 가지고 규칙적으로 뛰듯이, 밝기가 주기적으로 변하는 별을 맥동 변광성Pulsating star이라고 한다.

특히 밝기의 주기가 1일~100일 정도 되는 맥동 변광성을 세페이드 변광성이라고 부른다. 구드릭이 찾아낸 세페우스 별자리의 델타별을 대표해서 이름을 붙인 것이다.

구드릭은 천문 관측을 하다가 심한 감기에 걸려 22살의 나이에 사망한다. 구드릭이 변광성을 발견한 성과는 그대로 다음 과학자에게 넘겨지는데 그 사람이 바로 미국의 여성 천문학자 헨리에타 레빗이다.

변광 주기와 별의 밝기

헨리에타 레빗
(Henrietta Leavitt)

헨리에타 레빗은 1868년 미국에서 태어나 대학 졸업 후 페루에 있는 하버드 대학교 소속의 천문대에 취직했다. 이 당시는 여성의 차별이 심하던 때여서 레빗은 적은 월급을 받으며 천체 사진을 분석하는 고된 일을 맡았다. 하지만 레빗은 이 일을 통해 별의 밝기와 변광 주기 사이에 관계가 있다는 사실을 발견했다.

우리은하에서 가장 가까이 있는 은하는 마젤란은하Magellanic cloud로 포르투갈 항해가 마젤란이 1520년 세계 일주를 하던 중 발견했다고 해서 붙여진 이름이다. 19세기까지 대부분의 천문학

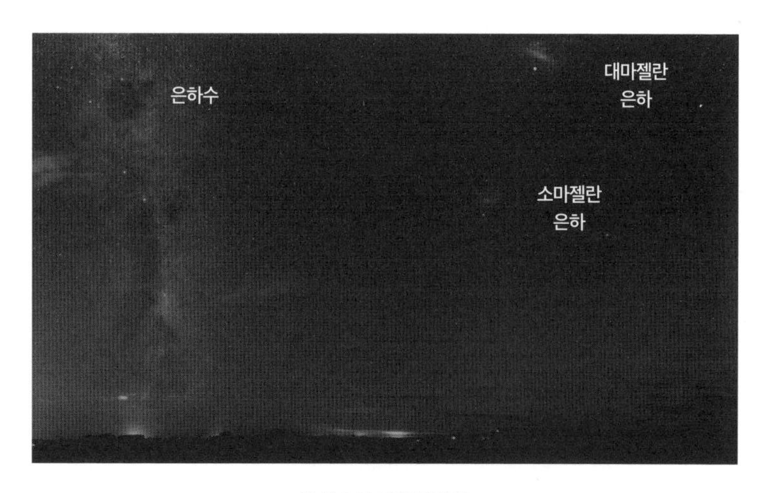

은하수와 마젤란은하

자들은 뿌옇게 보이는 은하를 가스와 먼지로 구성된 성운이라고 오해했다. 마젤란은하는 마젤란이 1520년 발견한 이후 오랜 시간 동안 성운으로 알려져 있다가 후에 망원경 등 과학 기술이 발달하면서 은하라는 사실이 밝혀졌다. 서구권에서는 예전 관습을 그대로 따라서 여전히 'Cloud'라고 부른다. 그래서 우리나라에서도 마젤란은하를 '성운'이라고 표현하기도 하는데 마젤란'은하'라고 부르는 것이 올바른 표현이다

레빗은 마젤란은하에 있는 1777개의 세페이드 변광성들을 살펴보다가 밝게 보이는 변광성은 변광 주기가 길다는 것을 발견한다. 날카로운 분석가인 레빗은 이것을 놓치지 않았다. 레빗은 변광 주기가 별의 밝기와 관계가 있음을 알아챘다. 별이 밝다는 것

은 그만큼 별의 크기가 크다는 것을 의미한다. 크기가 큰 별이 수축과 팽창을 반복하려면 아무래도 그 시간이 오래 걸리기 마련이다. 따라서 변광주기가 긴 별은 더 밝은 별이라는 추론이 가능했다. 레빗은 관찰과 분석을 통해 변광 주기와 별의 밝기 사이의 관계식을 찾아냈다.

레빗이 만든 관계식 덕분에 우주 어느 곳에 있는 세페이드 변광성이라도 변광 주기만 정확하게 측정하면 그 별의 밝기를 알 수 있게 되었다. 하지만 레빗은 자신의 발견이 훗날 허블의 천문학적 업적에 어떤 도움이 되었는지 알지 못한 채 1921년 암으로 세상을 떠났다.

여러분은 별의 밝기를 알게 된 것이 얼마나 대단한 일인지 와닿지 않을 수 있다. 하지만 이는 정말로 대단한 업적이다. 그 이유를 이제부터 알아보도록 하자.

밤하늘에 떠있는 많은 별들은 밝기가 모두 제각각이다. 지금 여러분이 밤하늘을 보았을 때 맨눈으로 보이는 별의 밝기를 겉보기 밝기라고 한다. 거리에 상관없이 보기에 밝을 때 겉보기 밝기가 크다고 한다. 겉보기 밝기는 단순히 별의 밝은 정도를 나타내는 것인데 때에 따라서는 밝은 정도를 숫자로 표시해서 등급을 매기기도 한다.

하지만 별들의 고유한 밝기는 정해져 있다. 이처럼 별의 고유한 밝기를 '절대 밝기'라고 한다. 별이 많은 빛을 방출하면 절대 밝기가 크다. 절대 밝기가 큰데 거리도 가깝다면 겉보기 밝기도 클 것이다. 또한 절대 밝기는 크더라도 별이 매우 멀리 있으면 겉보기 밝기는 작을 것이다.

겉보기 밝기만으로는 그 별까지의 거리가 얼마나 떨어져 있는지 정확하게 알 수 없다. 그런데 어떤 별이 절대 밝기는 밝은데 겉보기 밝기가 밝지 않다면, 그 별이 먼 거리에 있다는 것을 알 수 있다. 이렇게 별의 절대 밝기를 알고 있으면 겉보기 밝기와 비교해서 그 별까지의 거리를 계산할 수 있다.

레빗의 아이디어를 바탕으로 천문학자들은 절대 밝기와 변광 주기의 관계를 찾아내었다. 그리고 이는 에드윈 허블이 안드로메다 성운이 우리은하 밖에 있다는 사실을 밝히는 데 결정적인 역할을 하면서 우주에 대한 이해를 높이는 데 이바지하게 된다.

신비로운 은하 이야기

허블은 아버지의 권유로 마지못해 법률 공부를 하다가 아버지가 돌아가시고 난 후 자신이 좋아했던 천문학 공부를 시작했다. 이 당시 천문학계에서는 '안드로메다 성운'이 우리은하에 속해 있는 것인지, 외부에 있는 것인지를 두고 치열한 논쟁이 벌어지고 있었다.

당시 윌슨산 천문대 대장이면서 허블의 직속상관인 할로 섀플리는 안드로메다가 우리은하의 일부라고 주장하였고, 또 다른 천문학자 히버 커티스는 안드로메다가 우리은하 외부에 있다고 맞서면서 논쟁을 벌였다.

허블은 커티스의 이론이 옳다고 생각해 자신의 상관인 섀플리와 대립했다. 그런데 때마침 섀플리가 하버드 대학교 천문대로 직장을 옮기게 되었다. 허블은 운 좋게 윌슨산 천문대의 장비를 마음껏 사용하며 안정적으로 안드로메다 성운을 관찰하고 사진들을 찍을 수 있었다. 그가 찍은 사진 중에는 1923년 10월 6일 지름 2.5m의 후커 망원경으로 발견한 안드로메다 성운에 있는 세페이드 변광성도 있었는데, 이는 역사에 길이 남을 사진이었다.

레빗과 여러 천문학자에 의한 연구 덕분에 별의 변광 주기를 통해 별의 절대 밝기를 구할 수 있었다. 그리고 별의 밝기를 통해 별이 얼마나 멀리 떨어져 있는지 알아낼 수도 있었다. 그렇게 허블은 안드로메다 성운에서 발견된 세페이드 변광성의 변광 주기를 이용하여 별의 절대 밝기를 알아내고 별까지의 거리를 구했다. 허블은 이 별이 태양보다 7000배 밝은 별임을 확인하고, 이 별까지의 거리가 약 100만 광년이라는 결과를 얻었다.

이 당시 우리은하의 크기를 10만 광년으로 알고 있었으므로 안드로메다가 우리은하의 밖에 있는 외부 은하라는 사실이 증명되었다. 이것은 천문학적으로 상당한 의미를 갖는 일이었다. 우리 은하가 우주의 전부라고 생각했던 당시 천문학자들의 생각을 뒤흔들었고, 우주의 크기에 대한 인간의 이해를 크게 넓혀 주었기

우리 은하의 크기는 10만 광년이나 된다구.
그렇다면 우리 은하는 우주 전체라구.
따라서 안드로메다는 우리 은하의 일부야!

샤플리

무슨 소리!
안드로메다는 우리 은하 밖에
있는 외부 은하라구!

커티스

안드로메다 은하

때문이다. 오늘날 더욱 발달한 관측 기술을 통해 현재 측정된 안드로메다까지의 정확한 거리는 250만 광년이다.

별자리

요즘엔 카메라 기술이 워낙 발달해 밤하늘의 별을 기록하는 것쯤은 어려운 일이 아니다. 하지만 과거에는 종이에 별자리를 그려서 기록했고 종이조차 없던 시절에는 동굴에 벽화를 그려가며 우주를 동경했다.

라스코 동굴 벽화

프랑스에서 발견된 라스코 동굴Grotte de Lascaux의 벽화는 구석기시대에 그려졌다. 벽화에는 오늘날의 황도 12궁이 그려져 있음이 밝혀졌다. 아주 오랜 옛날에도 사람들은 하늘을 바라보고 별을 연구했다는 사실을 알 수 있다.

중세 덴마크 귀족이었던 티코 브라헤는 정교한 천문 기록을 그린 것으로 유명하다. 무려 20년이 넘는 시간 동안 그려온 방대한 양의 천체 자료는 독일의 케플러에게 전해져 태양계 행성들의 운동을 해석하는 데 기여하고, 뉴턴이 만유인력 법칙을 완성하는 데 기초를 제공하였다.

우리 조상들도 천문 기록에 큰 업적을 세웠다. 조선시대에 그려진 〈천상열차분야지도〉는 검은 돌에 새겨진 천문 기록이다. '천상天象'은 하늘의 모습, '열列'은 그것을 펼쳐 놓았다는 뜻이고 '차次, 분야分野'는 구획을 나눠 체계적으로 별을 표시했다는 뜻이다. 태조 이성계는 조선의 건국이 하늘의 뜻이었음을 밝히기 위해 권근, 유방택 등 11명의 천문학자들에게 명을 내려 큰 직육면체 돌에 천문도를 새기게 하였다.

중앙의 원 안쪽에는 북두칠성과 같이 1년 내내 볼 수 있는 별자리를 표시하고, 그 바깥쪽에는 계절에 따라 바뀌는 별자리를 새겼다. 그리고 태양이 지나는 길인 황도 부근의 하늘을 12등분한 후 무려 1467개나 되는 별을 점으로 표시했다. 별의 밝기에 따라 점의 크기를 다르게 표현하는 정교함도 있었다. 해와 달, 그리고 수성부터 토성까지 다섯 행성의 움직임을 알 수 있게 표현하였으며, 그 위치에 따라 절기도 구분할 수 있게 했다.

세월이 지나 천문 기록을 새겨 놓은 돌이 마모되자 숙종 13년

인 1687년, 다른 돌에 옮겨 새겼고 현재 두 점이 남아 있다. 〈천상열차분야지도〉는 중국 남송의 〈순우천문도〉에 이어 세계에서 두 번째로 오래된 것으로 평가 받는 소중한 우리의 자산이다.

<천상열차분야지도>

우리가 사는 우주는 몇 차원일까?

아인슈타인은 독일어로 Einstein인데 'Ein'은 숫자 1이고, 'Stein'은 돌멩이라는 뜻이다. 위대한 천재 물리학자 아인슈타인의 우리말 뜻이 '돌멩이 하나'라니 아이러니하다.

아인슈타인은 그동안 절대적이라고 믿었던 시간이 상대에 따라 천천히 흐르기도 하고, 빨리 지나가기도 한다는 기발한 발상을 하게 된다. 당시에는 너무나도 파격적인 아이디어여서 쉽게 받아들이지 못했지만 지금은 이에 대한 증거가 속속 발견되면서 시대를 앞서간 뛰어난 이론으로 평가받고 있다.

이번 시간에는 아인슈타인의 멋진 상상력을 함께 경험해 보는 시간을 가질 것이다. 한 차원 높은 아인슈타인의 세계로 떠나보자.

라파엘로, <아테네 학당>, (1509~1511), 프레스코, 500 x 770cm

이탈리아 로마의 바티칸 미술관에는 르네상스 시대의 3대 미술가로 꼽히는 라파엘로의 〈아테네 학당School of Athens〉이 커다란 벽면에 걸려있다. 그림에는 고대 그리스를 주름잡던 철학자들이 그려져 있는데 기하학의 아버지로 불리는 유클리드도 보인다. 그림의 오른쪽 아래에 있는 유클리드는 기하학의 아버지답게 컴퍼스를 이용해 무언가를 그리고 있다.

유클리드는 차원Dimension을 이용해 사물의 고유한 성질에 수학적 의미를 부여했다. 그는 직선은 길이라는 성질만 가지고 있으므로 1차원, 평면은 길이에 폭이 더해졌기 때문에 2차원, 공간은 길이와 폭 그리고 깊이를 가지고 있으므로 3차원이라고 규정하였다. 유클리드가 활약하던 그리스시대부터 이미 3차원 세계에 대해 연구가 이루어졌던 것이다.

컴퍼스로 무언가 그리고 있는 유클리드

이후 프랑스의 철학자이자 수학자인 데카르트는 차원을 좌표Coordinate라는 개념을 도입하여 설명하였다. 그는 1차원은 한 개의 좌표, 2차원은 두 개의 좌표, 3차원은 세 개의 좌표로 표현할 수 있다고 하였는데 수학 교과서에서 주로 사용하는 그래프가 바로 데카르트 방식이다.

19세기에 이르러서는 독일 수학자 베른하르트 리만이 다양체Manifold라는 개념을 도입해 0차원에서 무한대의 차원까지 수학적으로 표현할 수 있다는 사실을 입증했다. 지구 표면 위의 어느 한 점은 지구를 작은 구슬로 생각했을 때는 곡선 위의 한 점이 되지만 지구의 크기를 엄청나게 크게 만든다면 평평한 직선 위의 한 점이 될 수 있다고 여겼다. 지구 표면에서 일어나는 대부분의 물리적 현상들은 리만의 다양체 개념으로 설명할 수 있다.

차원을 수학적으로 정의한 리만 덕분에 아인슈타인은 우주를 4차원의 다양체라고 결론 내렸다. 그는 입체 공간을 만드는 3차원에 시간이라는 하나의 차원을 더해 4차원으로 우주의 운동을 설명할 수 있다고 생각했다.

14

매질이 없어도 진행하는 파동

아인슈타인은 상대성 이론을 두 번 발표했다. 첫 번째는 1905년에 발표한 특수 상대성 이론이고, 두 번째는 1916년의 일반 상대성 이론이다. 특수 상대성 이론의 '특수'라는 것은 특별하다거나 혹은 특별히 좋다는 뜻이 아니라 일정한 속도로 운동하는 특수한 상황에서만 적용되는 이론이라는 뜻이다. 특수 상대성 이론은 제한된 경우에만 사용할 수 있다. 그럼에도 불구하고 특수 상대성 이론은 이제까지 상상도 하지 못했던 놀라운 아이디어를 제공해 뛰어난 가치를 갖는다.

특수 상대성 이론을 이해하려면 먼저 마이컬슨-몰리 실험을 알아야 한다. 소리나 파도와 같은 파동은 파동 에너지를 전달해 주는 물질인 매질이 있어야 전파될 수 있다. 소리는 공기가 있어야 들리고 파도는 바닷물을 통해 일렁인다. 사람들은 빛도 파동이기 때문에 빛 에너지를 전달해 주는 물질이 있다고 생각해 이것을 '에테르Ether'라고 불렀다. 마이컬슨과 몰리는 이 에테르의 존재를 확인하고자 했다.

강물과 같은 방향으로 배가 갈 때는 더 빨리 갈 것이고, 강물을 거꾸로 거슬러 올라갈 때는 배의 속력은 느려질 것이다. 마이컬슨과 몰리는 우주에 고르게 퍼져있으면서 일정한 방향으로 흐르는 에테르가 있다면 에테르가 흐르는 방향으로 진행하는 빛과 에테르의 방향과 반대 방향으로 진행하는 빛의 운동 시간은 다를 것이라고 생각하고 실험을 설계했다. 다음 그림은 마이컬슨과 몰리가 만든 실험 장치를 간단히 그린 것이다. 빛의 색깔은 여러

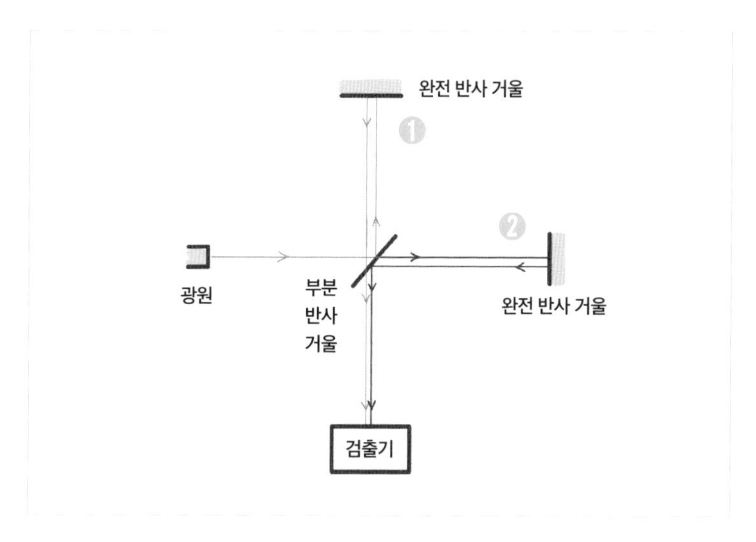

마이컬슨-몰리 실험

분이 이해하는데 도움을 주기 위해 구분한 것 뿐이고, 빛의 경로도 서로 겹쳐져야 하므로 이 점만 주의하자.

실험에 사용한 거울은 두 종류인데 하나는 빛을 100% 반사시키는 '완전 반사 거울'이고 다른 하나는 빛의 절반만 반사하고, 나머지 절반은 통과시키는 '부분 반사 거울'이다. 광원에서 출발한 빛이 부분 반사 거울에 반사된 후 ①번 경로를 통해 검출기로 오는 경우와 부분 반사 거울을 통과해서 ②번 경로로 진행한 빛이 검출기에 도착하는 경우가 있다. 만일 에테르가 있다면 두 빛이 동시에 출발하더라도 빛 검출기에는 똑같이 도착할 수 없다. 진행거리는 같지만 진행 방향이 다르기 때문에 대기 중 에테르의 흐름에 영향을 받아 속력이 달라질 것이기 때문이다. 그런데 수없이 실험을 반복한 결과, 빛은 매번 동시에 도착하였다. 이로써 에테르의 존재는 폐기되었고 빛은 파동이지만 매질이 없이도 진행하면서 속력이 항상 일정하다는 것이 밝혀졌다.

아인슈타인은 마이컬슨-몰리 실험의 결과를 이용해 빛의 속력은 항상 일정하다는 광속 불변 원리 조건을 바탕에 두고 특수 상대성 이론을 착안했다.

시간 팽창

아인슈타인은 스위스에서 특허청 심사관으로 근무하면서 다양한 내용의 특허 심사를 처리했는데, 열차의 운행 시간표와 관련된 것이 많았다. 이런 업무를 처리하면서 아인슈타인의 머릿속엔 자연스럽게 '시간'에 대한 고민이 생겼을 것이다. 그리고 그 고민의 결과는 특수 상대성 이론이라는 놀라운 결과로 나타났다.

아인슈타인은 머릿속으로 시계를 하나 생각했다. 그가 생각해 낸 시계는 두 거울을 빛이 주기적으로 왕복 운동하여 시간을 알려주는 '빛시계'였다. 빛시계는 한쪽 거울에서 출발한 빛이 반대편 거울에 반사되어 원래 거울로 다시 돌아오는 시간이 일정하다는 사실을 이용한 시계다. 그리고 우주선 안에 있는 빛시계와 우주선 안의 관측자 A, 우주선 밖의 관측자 B를 만들고 머릿속으로 실험을 진행했다.

먼저, 정지해 있는 우주선에서 빛시계로 시간을 측정한다. 이때 우주선 내부에 있는 A가 측정한 시간과 우주선 밖에서 정지해 있는 B가 측정한 시간은 똑같을 것이다.

이번에는 우주선을 일정한 속도로 움직이게 하고 시간을 측정해보자.

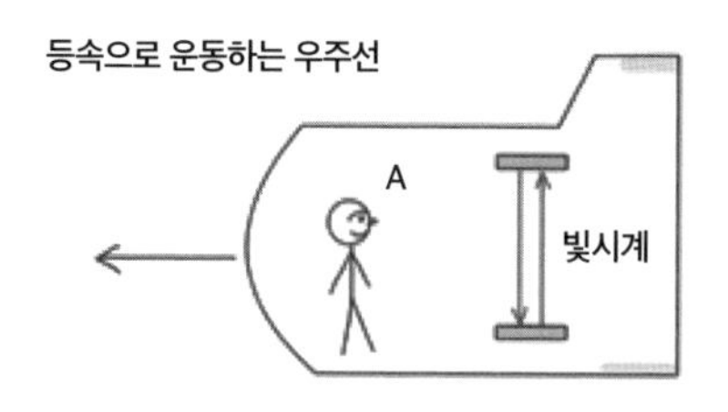

A가 본 빛의 이동 경로는 B가 보는 빛의 이동 경로와 다르다. 먼저 A가 측정한 시간을 생각해 보자. A는 우주선, 빛시계와 함

께 등속도로 움직이고 있으므로 자신이 움직이고 있는지 전혀 알지 못한다. 마치 지구가 빠른 속력으로 움직이고 있어도 우리가 그것을 못 느끼는 것과 같다. 결국 A가 측정한 시간은 정지해 있는 우주선에서의 빛시계의 시간과 같을 것이다.

이번에는 B가 측정한 시간을 생각해 보자. B는 우주선 밖에서 정지해 있다. B에게 빛시계는 우주선과 함께 움직이는 것이다. 그리고 B가 관측한 빛의 이동 경로는 그림과 같이 우주선의 운동에 영향을 받아 A가 본 경로보다 더 길어진다.

마이컬슨-몰리 실험 결과에 따르면 빛의 속도는 일정하다. 따라서 빛이 더 긴 경로를 이동한 경우 시간이 그만큼 길다는 것을 의미한다. 따라서 B는 A의 시간이 느리게 가는 것을 관찰하게 되는데, 이것을 시간 팽창Time Dilation이라고 한다.

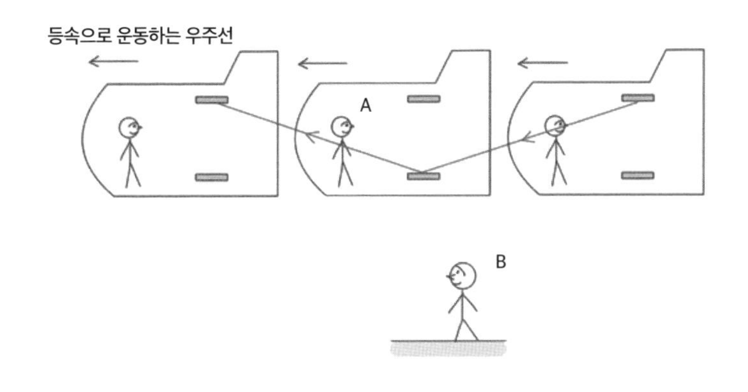

특수 상대성 이론에서의 시간 팽창은 파격적인 아이디어다. 세상 누구에게나 똑같이 공평한 것 같은 시간이 누가 보느냐에 따라 느리게 갈 수 있다니! 아인슈타인은 물리학에 시간의 특성에 대한 새로운 관점을 도입했다.

길이 수축

아인슈타인의 특수 상대성 이론은 길이의 특성에 대해서도 새롭게 정의한다. 이를 일명 '길이 수축Length Contraction'이라고 한다. 길이 수축은 관찰자가 볼 때 운동하고 있는 물체는 운동하는 방향으로 길이가 줄어든 것으로 측정된다는 것이다.

단지 움직였을 뿐인데 길이가 줄어든다고?

상대성 이론에서는 그게 가능해.

오~ 리스펙!

광속에 가까운 속력으로 운동하는 우주선 안에 영희가 타고 있고, 철수는 정지한 행성에서 우주선을 바라보고 있다고 하자. 우주선은 일정한 속력으로 움직이고 있으므로 영희는 자기 자신이 움직인다고 느끼지 못한다. 이때 우주선의 길이는 영희가 측정한 것과 철수가 측정한 것이 다르다. 철수에게는 우주선의 길이가 짧아보이기 때문이다. 따라서 우주선의 길이는 철수가 측정한 결과가 더 작다.

특수 상대성 이론의 물리적 특성에 대한 파격적인 생각은 당시 사람들을 혼란스럽게 만들었다. 아인슈타인은 1905년에 특수 상대성 이론을 포함한 세 편의 논문을 발표했는데 그중 특수 상대성 이론에 애착을 많이 가졌다고 한다. 하지만 노벨상은 특수 상대성 이론이 아닌 빛의 입자성에 대한 연구인 광전 효과로 수상한다.

17

공간을 휘게 만드는 중력

아인슈타인을 천재라고 하면 대다수 사람들이 동의한다. 아인슈타인은 그동안 절대적이라고 생각했던 시간과 길이가 측정하는 상대에 따라 달라진다고 생각하였다. 오랜 상식이 깨지는 순간이었다. 아인슈타인을 본다면 천재는 상식을 깨는 사람이라는 의미가 아닐까?

특수 상대성 이론이 1905년에 발표되고, 일반 상대성 이론이 탄생하기까지 11년의 시간이 걸렸다. 1916년에 발표한 일반 상대성 이론은 중력에 대한 이론이다. 사과가 바닥으로 떨어지고, 지구 주위를 달이 돌면서 밀물과 썰물을 만드는 것도 모두 중력에 의한 현상이다.

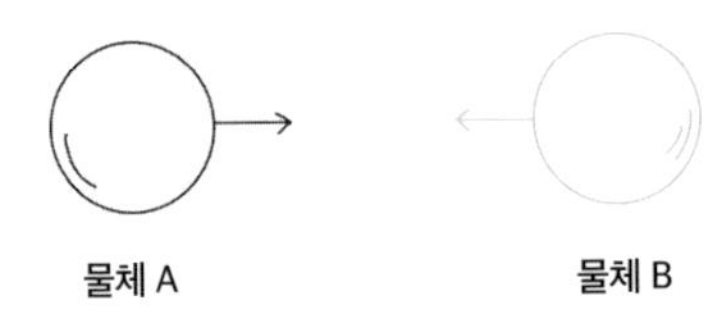

서로 끌어당기는 힘

뉴턴은 중력이란 질량을 가진 물체 사이에 서로 끌어당기는 힘이라고 정의했다. 질량이 크면 클수록 끌어당기는 힘의 크기가 커지고, 두 물체의 거리가 가까워져도 힘이 커진다고 생각했다. 사람도 당연히 끌어당기는 힘이 있다. 하지만 우리는 그 힘을 느끼지 못한다. 옆에 있는 사람과 내가 서로 끌어당기는 힘을 못 느끼는 이유는 사람의 질량이 워낙 작다 보니 그 힘도 매우 작기 때문이다. 뉴턴은 중력이 실제로 존재하는 두 물체에 의한 상호 작용

아인슈타인은 중력이 공간을 휘게 한다고 생각했다.

의 힘이라고 생각했으며, 빛은 중력에 영향을 받지 않고 직진한다고 생각했다.

하지만 아인슈타인의 중력에 대한 관점은 뉴턴과 많이 달랐다. 아인슈타인은 질량이 있는 물체가 공간에 놓여 있다면 그 물체가 점유하고 있는 공간이 휘어진다고 가정하였다. 즉 중력이 공간을 왜곡시킨다고 생각했고 중력이 크면 클수록 공간을 더 크게 휘게 만든다고 생각하였다.

태양이 떠 있는 낮 동안에는 하늘이 환해서 별빛이 보이지 않지만 개기일식이 일어나면 달이 해를 가리므로 낮에도 별빛을 볼 수 있다. 영국의 천문학자 아서 에딩턴은 1919년에 일어난 개기일식 때 태양 주변에서 빛나는 별을 관측했다. 그리고 태양 뒤의 먼 곳에서 오던 빛이 태양 주위에서 휘었으며, 그 휘는 정도가 아인

태양의 중력으로 인해 별빛이 휘어진다.

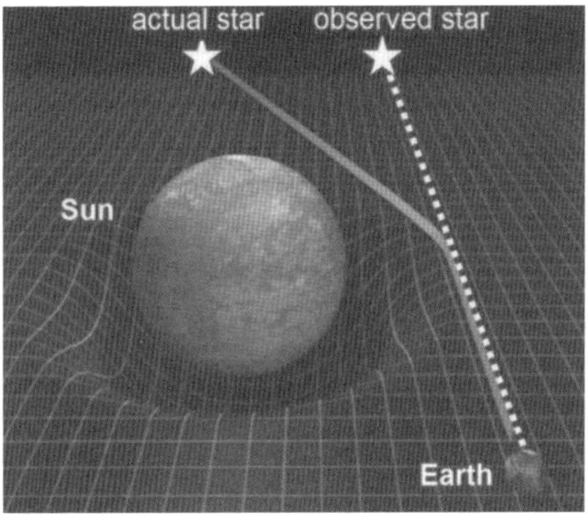

블랙홀

슈타인의 예측과 일치한다는 것을 확인하였다. 중력에 대한 새로운 관점이 탄생하는 순간이었다.

아인슈타인은 중력에 의해 공간이 휘어진다면 그곳을 지나는 시간도 길어질 것이라 생각했다. 빛은 항상 같은 시간 동안 같은 거리를 이동한다. 그런데 빛이 직진해서 오지 않고 휘어진 공간을 따라 오게 되면 그만큼 빛이 진행한 거리가 길어지기 때문에 시간도 길어져야 한다. 아인슈타인은 중력을 '공간과 시간의 휘어짐'이라고 정의했다. 질량이 크면 클수록 공간의 왜곡이 심해지고 빛이 휘는 정도도 커져서 진행 거리가 길어지고 시간의 팽창도 커질 것이다. 그렇다면 블랙홀과 같이 질량이 무한대에 가까운 곳에서는 시간이 멈출 것이라고 예측할 수 있다.

아인슈타인의 중력 이론 덕분에 우주를 바라보는 시야가 넓어지게 되었다. 뉴턴 역학으로 풀리지 않던 여러 가지 현상들이 아인슈타인의 일반 상대성 이론을 통해 속속 해결되고 있다. 일반 상대성 이론으로 인해 인간의 감각과 사고의 수준이 확장되었다고 할 수 있다.

아인슈타인의 삶

아인슈타인
(Albert Einstein)

초등학교 시절에도 특별하지 않았고, 김나지움⊙에서는 쫓겨난 데다, 스위스 취리히 연방공과대학교ETH 입학시험에서도 탈락해서 1년간 보충학습을 하는 학교를 다녀야 했던 아인슈타인.

ETH에서 만난 4살 연상의 헝가리 여성 밀레바와의 결혼도 어머니의 반대로 순탄치 못했고 졸업 후 조교 자리를 원했지만 교수들에게 신임을 얻지 못해 그마저도 탈락했던 아인슈타인.

⊙ Gymnasium, 독일의 대학 진학을 목표로 하는 고등학교

그가 26살이던 1905년, 세 편의 논문 발표 이후 상황은 모든 것이 달라졌다. 그는 1909년에는 취리히 대학교 교수, 1910년에는 프라하의 카를 대학교 정교수, 1911년에는 그토록 원했던 ETH 교수로 임명되었다. 아인슈타인에게는 앞으로 행복한 나날을 보낼 일만 남은 것 같았다. 하지만 연구에 몰두하고 바쁘면 바쁠수록 아내 밀레바와의 관계는 조금씩 금이 가기 시작했다.

결정적으로 1915년, 막스 플랑크의 권유로 베를린 대학교로 옮기면서 아인슈타인과 밀레바의 관계가 더욱 나빠진다. 독일 생활을 두려워하던 밀레바는 아인슈타인을 따라가지 않았고 아인슈타인은 베를린에서, 밀레바는 스위스에서 따로 지내게 되었다. 홀로 독일 생활을 하던 중 심하게 앓던 아인슈타인을 아버지 사촌의 딸 엘사가 지극 정성으로 간호했다. 이 과정에서 아인슈타인은 밀레바와 이혼을 결심하고, 1919년 엘사와 재혼을 한다.

하지만 1920년부터 독일에서는 반유태주의가 시동을 걸었다. 유태인인 아인슈타인을 불신임하는 운동이 전개되었고 1933년 독일에서 아돌프 히틀러가 집권하는 지경에 이르렀다. 결국 아인슈타인은 나치 정권을 피해 독일 시민권을 포기하고 이를 피해 미국 프린스턴으로 망명하게 된다. 그리고 미국 생활 3년 만에 엘사마저 사망한다. 1952년에는 이스라엘 대통령직을 제안 받지만 정중히 거절하였고 1955년 위대한 천재는 생을 마감했다.

과학, 재미가 먼저다

나무 말고 숲을 보게 하는 과학 상식

초판 1쇄 발행 2023년 3월 9일

지은이 장인수
펴낸이 박영미
펴낸곳 포르체

편집팀장 임혜원
책임편집 김선아
편 집 김성아, 정선경
마케팅 손진경, 김채원
디자인 황규성

출판신고 2020년 7월 20일 제2020-000103호
전 화 02-6083-0128 | **팩 스** 02-6008-0126
이메일 porchetogo@gmail.com
포스트 m.post.naver.com/porche_book
인스타그램 www.instagram.com/porche_book

ISBN 979-11-92730-28-8 (04400)
ISBN 979-11-92730-27-1 (세트)

• 이 책의 국립중앙도서관 출판시도서목록은 서지정보유통지원시스템 홈페이지(http://seoji.nl.go.kr)와 국가자료공동목록시스템(http://www.nl.go.kr/kolisnet)에서 이용하실 수 있습니다.
• 잘못된 책은 구입하신 서점에서 바꿔드립니다.
• 책값은 뒤표지에 있습니다.